Midjourney
从入门到精通

文之易 编著

中国水利水电出版社
www.waterpub.com.cn
·北京·

内 容 提 要

Midjourney 是当前市场上最优秀的 AI 绘画工具之一，它结合了最前沿的 AI 技术和艺术创作，打破了传统绘画工具的局限，提供了一种全新的艺术创作方式。Midjourney 通过理解用户的输入，快速生成符合描述的图像，这不仅丰富了艺术创作的方式，也为那些可能缺乏绘画技巧但富有创新思维的人打开了艺术的大门。

本书是一本引领读者深入理解并掌握 Midjourney 技术的权威指南。本书将带领读者从最基础的概念和操作入手，逐步过渡到高级的创作技巧与实践应用。本书主要内容包括基本功能的使用、常用命令和参数讲解、提示词撰写及技巧，以及 Midjourney 在 Logo 设计、头像制作、游戏素材创作、插画制作、动漫制作、建筑设计、室内设计、景观设计、海报设计、包装设计、书籍封面设计、UI 设计、服装设计等各类场景中的应用技巧和实践案例。

本书既可以作为艺术创作者的必备工具书，又可以作为插画师、平面设计师、UI 设计师和其他行业设计师的参考用书，还可以作为高等院校或培训班开展 AI 绘画教学、培训的教材。

图书在版编目（CIP）数据

Midjourney 从入门到精通 / 文之易编著 . —北京：
中国水利水电出版社，2023.12（2024.4 重印）

ISBN 978-7-5226-1901-9

Ⅰ . ① M… Ⅱ . ①文… Ⅲ . ①图像处理软件 Ⅳ .
① TP391.413

中国国家版本馆 CIP 数据核字 (2023) 第 213212 号

书　　名	Midjourney 从入门到精通 Midjourney CONG RUMEN DAO JINGTONG
作　　者	文之易　编著
出版发行	中国水利水电出版社 （北京市海淀区玉渊潭南路 1 号 D 座 100038） 网址：www.waterpub.com.cn E-mail：zhiboshangshu@163.com 电话：（010）62572966-2205/2266/2201（营销中心）
经　　售	北京科水图书销售有限公司 电话：（010）68545874、63202643 全国各地新华书店和相关出版物销售网点
排　　版	北京智博尚书文化传媒有限公司
印　　刷	河北文福旺印刷有限公司
规　　格	170mm×240mm　16 开本　16.75 印张　298 千字
版　　次	2023 年 12 月第 1 版　2024 年 4 月第 2 次印刷
印　　数	3001—6000 册
定　　价	79.80 元

前　　言

现如今，随着科技的不断发展，我们的生活发生着翻天覆地的变化。在众多变化中，最让我感到兴奋的就是 AI 技术在艺术创作领域的应用，尤其是 Midjourney 这个让人眼前一亮的 AI 艺术创作工具。Midjourney 以 AI 为核心且完美融合了设计、艺术、创意，为我们打开了一个全新的艺术世界。作为一个长期关注 AI 领域的研究者和艺术爱好者，我深深地被 Midjourney 的魅力所吸引。因此，我决心撰写《Midjourney 从入门到精通》这本书，希望能通过这本书帮助读者了解、学习并掌握 Midjourney 的相关操作方法，以此开启自己的 AI 艺术创作之旅。

在本书中，按照 Midjourney 使用流程，内容讲解由浅入深，由易到难，逐步引导读者了解和使用 Midjourney 并在各种场景中应用它。希望每一位读者，无论是刚接触 AI 艺术创作的新手，还是已经有一定经验的创作者，都会收获满满。

在第 1 章"准备工作"中，将介绍 Midjourney 的基础知识，包括 Midjourney 简介及其与其他同类软件的对比以及关于注册登录、创建服务器和频道等所做的准备工作，然后开始创作第一幅 AI 绘画作品。通过本章的学习，读者将对 Midjourney 有一个基本的了解，也会对自己的 AI 艺术创作之旅有一个初步的印象。

在第 2 章"基本功能"中，将深入介绍 Midjourney 的各项基础功能，包括模型版本、放大器、变形操作、参数设置、常用指令、常用参数和以图生图。本章的内容是整个 Midjourney 学习之旅的基石，只有掌握这些，才能进行基础的 AI 艺术创作。

在第 3 章"提示词"中，会详细解析关于 Midjourney 提示词的使用，包括提示词结构、文本提示词、组合多提示词、并列提示词、精彩提示词和提示词资源库。掌握这些知识，将更好地理解 Midjourney 的工作原理，也能针对性地进行 AI 绘画创作。

Midjourney 的学习绝不仅仅是理论知识的掌握，实践才是检验真理的唯一标准。因此，在第 4 章"应用场景"中，将结合各种实际场景，详细讲解如何利用 Midjourney 进行 Logo 设计、头像制作、游戏素材创作、插画制作、动漫制作、建筑设计、室内设计、景观设计、海报设计、包装设计、书籍封面设计、UI 设计、服装设计等各种设计工作。通过第 4 章的学习，能够把前面学到的理论知识应用到实际中，并进行各种各样的 AI 艺术创作。

当然，这本书并不仅仅是教会读者如何使用 Midjourney。更重要的是，希望读者通过这本书理解 AI 在艺术创作中的巨大作用并能够认识到 AI 并不是要取代我们的创造力，而是成为我们创造力的助推器。正因为有了 AI 的帮助，我们才能更好地将创意变为现实，更好地表达我们的情感和想法。这里借用一句话表达 Midjourney 与你和艺术之间的关系："AI 是一个工具，艺术是一种表达，Midjourney 就是连接这两者的桥梁。而你，就是那个在桥上行走，用 AI 工具表达艺术的人。"希望这本书能够成为你在 AI 艺术创作旅程中的良师益友，希望你在 Midjourney 的世界里找到属于自己的艺术之路。

艺术并不仅仅是为了艺术本身，而是一种表达与沟通方式，一种用来理解世界、表达自我以及与他人沟通的方式。在使用 Midjourney 创作的时候，并不只是在制作一件艺术品，而是在探索自己，在通过艺术去理解世界，去连接世界。而这，恰恰是艺术的魅力所在。

当然，在艺术创作的道路上，总会有困难和挫折。可能在使用 Midjourney 时会遇到一些问题，可能在艺术创作过程中会感到迷茫和困惑。但是，请不要气馁，不要放弃。因为，只有勇往直前，才能看到更广阔的世界；只有不断尝试，才能创造出更美的艺术作品。我相信，只要用心去学，用心去创作，一定能成为一名出色的 AI 艺术家。

我希望每一位读者能做到心中有情，手中有笔。只有这样，才能在 Midjourney 的世界里真正地感受到 AI 与艺术结合带来的无限可能。我期待每一位读者都能通过学习 Midjourney，释放自己的想象力，创作出属于自己的、独一无二的 AI 艺术作品。

在此，我要向每一位支持我、陪伴我、给予我鼓舞的人表示衷心的感谢，尤其要向蔡文青老师表达我最真诚的谢意，感谢她对本书的大力支持与帮助。正因为有了你们的支持和鼓励，我得以走过曲折，克服各种困难和挑战，最终完成本书的创作。

同时，也要向每一位读者表示由衷的感谢。感谢读者在茫茫书海中选择这本书，陪伴我一起探索 Midjourney 的奥秘。未来的道路依然漫长，希望我们能一同在 Midjourney 的世界中勇敢前行、探寻未知并创作更多惊艳的艺术作品。《Midjourney 从入门到精通》期待每一个人在 Midjourney 的世界里创作出属于自己的独特艺术作品。让我们携手，用 AI 的魔力，描绘出一个更加多彩、美好的世界。

最后，我要表达对 Midjourney 团队的最崇高敬意。虽然这支团队仅有 11 人，但他们的才华和成就超乎想象。他们不仅是工程师，而且是艺术家和梦想家。他们致力于不断优化和改进 Midjourney，无论是精细的算法改进，还是用户体验的提升，他们都充满了热情和专注，倾力打造出了一个让无数创作者梦想成真的工具。正是有了这支团队，我们才得以在 Midjourney 的世界里自由地创造与表达，自由地探索那些从未涉足过的艺术领域。

在线服务

读者可以扫描下方二维码，加入本书专属读者在线服务交流圈，本书的勘误情况会在此圈中发布。此外，读者可以在此圈中分享读者心得，提出对本书的建议，以及咨询笔者问题等。

注：书中访问的网址链接可通过本书读者在线服务交流圈中的服务网址动态内容访问。

文之易

目　录

第 1 章　准备工作...001

　　1.1　Midjourney 简介..002
　　1.2　注册与准备工作..004
　　1.3　第一张 AI 绘画作品..010

第 2 章　基本功能...013

　　2.1　模型版本...014
　　2.2　放大器...034
　　2.3　变形操作...039
　　2.4　参数设置...040
　　2.5　常用指令...042
　　2.6　常用参数...052
　　2.7　以图生图...067

第 3 章　提示词...078

　　3.1　提示词结构...079
　　3.2　文本提示词...081
　　3.3　组合多提示词..091
　　3.4　并列提示词...095
　　3.5　精彩提示词...098
　　3.6　提示词资源库..121

第 4 章　应用场景...128

　　4.1　Logo 设计...130

4.2　头像制作 141

4.3　游戏素材创作 145

4.4　插画制作 153

4.5　动漫制作 159

4.6　建筑设计 170

4.7　室内设计 180

4.8　景观设计 195

4.9　海报设计 206

4.10　包装设计 217

4.11　书籍封面设计 225

4.12　UI 设计 233

4.13　服装设计 240

4.14　其他应用 252

第1章
准备工作

■ **本章要点**

当你打开本书时，将踏上一段令人激动的旅程——探索 Midjourney，一款革命性的 AI 图像生成工具。作为开篇第一章，将介绍 Midjourney 的基础知识，方便读者对 AI 绘画工具有一个初始印象。随后会详细介绍如何注册与登录自己的 Midjourney 账号，为接下来的创作之旅做好充分的准备。最后，会指导读者完成第一张 AI 绘画作品，这将是你开启 AI 绘画之旅的第一步。无论你是专业的艺术家，还是对 AI 创作感兴趣的新手，本章都会给你提供必要的信息和启示，让我们一起启航，去走向探索 Midjourney 的世界吧。

1.1 Midjourney 简介

扫一扫 看视频

Midjourney 是一款由美国 Midjourney 公司于 2022 年 3 月推出的 AI 绘画工具，其核心功能是通过用户提供的文字描述，自动生成高质量、多样化、有创意的图形图像。Midjourney 支持人像卡通化、色彩生成、人脸合成以及各类设计图的绘制等功能。其中，人像卡通化将人物照片转换成有趣的卡通形象；色彩生成利用 GAN 模型生成具有艺术感和创意的彩色图像；人脸合成将不同人物的面部特征进行合成，从而生成新的面孔。另外，Midjourney 还能进行海报、建筑、景观、室内装修、包装、服装、书籍封面、UI 等各种概念图的设计。

这家年收入超过 1 亿美元的公司仅有 10 名员工，其中包括 4 名本科在读的软件实习生、4 名全职软件工程师、1 名法务和 1 名财务。Midjourney 创始人是 David Holz（大卫·霍尔茨），他是一名连续创业者、流体力学博士和 Leap Motion 创始人，曾任 NASA（美国宇航局）和 Max Planck（马克斯·普朗克协会）研究员。在 2023 年 7 月 6 日世界人工智能大会上，大卫·霍尔茨发表了对人工智能发展的看法。霍尔茨表示他最喜欢读科幻书和中国古典文学，Midjourney 的名字来自庄子的《庄周梦蝶》，对应其中的"中道"，Mid 就是 middle 的缩写，代表中间，journey 代表旅途、行程，合起来就是"中道"。

Midjourney 无疑是当前市场上非常优秀的 AI 绘画工具。相较于其他同类产品，Midjourney 的绘画模型更胜一筹，其丰富的知识库和卓越的处理能力让其在细节处理上更准确、更细腻，即便面对复杂的多角色或多对象提示词，它依然游刃有余。Midjourney 的主要特征包括：

（1）操作简易。Midjourney 的界面设计非常友好，让用户无须经过烦琐步骤即可轻松上手，也无须具备专业的绘画技术或审美识别力。用户只要进入 Midjourney 服务器，选择一个频道，在聊天框内输入或调用 /imagine 命令，并输入画面描述，即可启动 Midjourney 绘画功能。所有操作皆可通过 Midjourney 机器人实现，十分便捷。

（2）高度灵活。Midjourney 充分满足用户的个性化需求，允许用户按照自身的想象自由选择和调整所需的提示词，不受限于预设的类别或模板。例如，用户可以输入"一只身着西装打着领带的企鹅"或"一个未来城市的夜景"等描述。

（3）生成速度快。用户只需在提示词中输入想要的场景、人物、风景等描述，即可在不到 1 分钟内得到 4 个高质量的图形图像。

（4）图像质量高。Midjourney 通过使用最新的深度学习模型以提高图像生成的质量和效率。生成的图像清晰度极高，细节精致、色彩鲜艳、风格多变。

（5）富有创意。Midjourney 根据用户的提示词生成超乎预期的创意图像。例如，用户输入"一座神秘的古城堡"，会创造出一座雄伟的石砌城堡、一座被蔓藤覆盖的古老城堡、一座悬浮在云端的奇特城堡，或者一座灯火通明、繁星映照的夜晚城堡。

除了核心功能外，Midjourney 还提供了一些其他辅助功能，以满足用户的各种需求，具体如下：

（1）放大。此功能允许用户将图像细节放大，以便更清晰地鉴赏生成的图像，从而让用户发现一些意想不到的惊喜。

（2）编辑。用户可以自由地调整生成图像的色彩、亮度、对比度等参数，甚至可以添加各类滤镜、文字、贴纸等元素。编辑功能赋予用户更大的创作自由，让每一份作品更符合个人品位和风格。

（3）保存。用户可以将生成的图像存储在个人设备上，或者上传至云端进行保管。这可以让用户随时欣赏和回顾自己的创作，同时也方便将作品在其他平台或软件中使用或分享。

（4）分享。Midjourney 允许用户将生成图像发送给其他用户或群组，或者在其他社交媒体或网站上通过链接进行分享。这不仅可以展现用户的想象力和创造力，而且可以为用户提供接受他人反馈和建议的机会。

Midjourney 与 DALL·E 和 Stable Diffusion 一样，都属于 AI 艺术创作领域的工具。Midjourney 相对于 DALL·E 有以下几个优点。

（1）价格实惠。相较于 DALL·E 仅提供每月 15 美元 115 次使用机会，Midjourney 的价格更具竞争力，它只需每月 10 美元即可获得 200 次使用机会，若每月投入 30 美元，则可以享受无限次使用机会。

（2）图像美观：Midjourney 的设计原则是为追求"默认的美感"。因此，即便是对于模糊的提示词，它也能以更稳定的美学视角，生成吸引人的图像，确保了作品的美感。

（3）内容规则宽松：相比 DALL·E 的严格限制，Midjourney 的内容规则和约束相对宽松。由于 Midjourney 不会生成过于逼真的图像，因此伪造和误导信息的风险大大降低，使得用户可以在更自由、更安全的环境中创作和享受艺术。

与 Stable Diffusion 相比，它们之间也存在一些差异。

Midjourney 与 Stable Diffusion 各自拥有其独特的优势和局限性。Midjourney 在易用性、生成高品质图像以及根据用户提示词控制图像生成等方面的表现卓越，但在模型种类多样性和图像编辑功能上相对欠缺。相比之下，Stable Diffusion 在模型种类丰富和图像编辑能力上有着强大的优势，但若想生成高品质的图像则需要投入更多的时间和精力。

因此，权衡这些因素，根据自身的需求选择最适合的工具。Midjourney 适合那些不愿投入过多时间和精力来学习与调整模型，同时愿意支付一定订阅费用，并希望能快速生成高品质图像的用户。而 Stable Diffusion 适合喜欢有更多控制权和灵活性的用户，且用户不介意在本地运行和编辑图像，并且倾向于使用开源工具。如果愿意投入更多的时间和精力来学习与优化模型，则 Stable Diffusion 也将是一款适合的工具。

扫一扫　看视频

1.2　注册与准备工作

1. 注册

（1）打开 Midjourney 官方网站。

（2）在首页右下角单击 Join the Beta 按钮（图 1.1）即可启动注册流程。

图 1.1　Midjourney 首页

（3）在注册过程中，依次填写昵称、生日、邮箱和密码信息。建议使用 Gmail 或 Outlook 等邮箱进行注册。

（4）注册过程中还有"人机验证"步骤，按照系统提示证明不是机器人即可。

（5）完成上述步骤后，前往注册邮箱查看 Midjourney 发送的验证邮件，单击其中的激活链接完成账号激活，如图 1.2 所示。

图 1.2　邮件通过验证

2. 加入 Midjourney 社区

完成注册并登录账户后，将看到左侧面板的绿色指南针图标，这是"探索公开服务器入口"。

（1）单击"探索公开服务器入口"按钮，会发现有众多丰富多元的社区群组。在 Featured communities（特色社区）部分，Midjourney 位列第一。

（2）单击 Midjourney 社区便可加入该社区，如图 1.3 所示。

图 1.3　社区首页

3. 创建属于自己的服务器

（1）加入 Midjourney 社区之后，单击左侧的绿色十字图标，如图 1.4 所示；打开"创建服务器"对话框，如图 1.5 所示。

（2）选择"亲自创建"选项。

（3）选择"仅供和朋友使用"选项,为服务器起一个名字。完成这些步骤后,就能进入创建的服务器了。

图 1.4　添加服务器

图 1.5　"创建服务器"对话框

4. 添加 Midjourney Bot（Midjourney 机器人）

创建完服务器后，将进行最关键的一步——向服务器添加 Midjourney 机器人。

（1）单击左侧的 Midjourney 帆船图标。

（2）在频道最右侧的"成员"图标中单击 Midjourney Bot 按钮，如图1.6所示。

（3）在弹出的窗口中单击 Add to Server（添加到服务器）按钮。

（4）在弹出的菜单中选择刚刚创建的服务器便能将这个重要的机器人添加到服务器中，如图 1.7 所示。在成员列表里，可以看到 Midjourney Bot。至此，所有的准备工作已经完成，可以开始进行绘画创作了。

图 1.6　选择 Midjourney 机器人

图 1.7　将 Midjourney 机器人填加到服务器

5. 创建频道

为了更好地管理用户的作品，可以在服务器中继续创建频道，以便区分不同的绘画主题。

（1）单击左侧已创建的服务器，会看到该服务器下面有两类频道：文字频道和语音频道，如图 1.8 所示。

文字频道主要用于发送文本消息；语音频道在连接后可以进行远程视频和屏幕共享等操作，方便用户与其他人进行在线交流。在这两类频道下，系统默认创建了一个名为"常规"的频道。在进行绘画创作时，通常选择文字频道。

（2）单击文字频道旁边的 + 按钮，弹出"创建频道"窗口，如图 1.9 所示，在该窗口中填写新频道的名称。

（3）单击"创建频道"按钮即可创建一个新的频道。

图 1.8　添加频道

图 1.9　创建频道

6. 升级为订阅会员

由于用户数量的急剧增长，服务器压力巨大，Midjourney 于 2023 年 4 月初宣布停止提供免费试用。如果用户希望继续使用 Midjourney，则需要升级为订阅会员。

（1）在频道输入框中输入 /subscribe 命令。

（2）按 Enter 键，Midjourney 会显示订阅链接，如图 1.10 所示。

（3）单击 Open subscription page 链接，打开订阅页面，如图 1.11 所示。选择想订阅的会员计划并决定是按月支付还是按年支付。

（4）进入支付页面，选择用信用卡支付，填写 MasterCard 或 VISA 信用卡信息，如图 1.12 所示。

（5）单击"订阅"按钮，稍等片刻即可完成开通会员服务。如果只打算试用一个月，完成付款后一定要记得关闭自动续费，以防止下个月自动续费（回到订阅选择界面，单击"管理"，然后取消计划）。

图 1.10 订阅链接

图 1.11 订阅页面

图 1.12　支付页面

Midjourney 会员服务分为 4 个等级：10 美元 / 月、30 美元 / 月、60 美元 / 月和 120 美元 / 月。如果选择按年支付，可以享受 8 折优惠。

（1）10 美元 / 月的会员服务是按照使用张数收费的，总计提供 200 分钟的生成时长，大概相当于 200 张图像。不论是输入一次提示词还是单击一次 U 或 V 按钮，都会计算为一张图像的使用。虽然价格相对较低，但其性价比并不高。

（2）30 美元 / 月的会员服务提供 15 小时的快速生成时间，不需要排队等待，且分辨率稍高。此外，用户可以无限次地生成图像，并且可以访问会员画廊以及观看其他人的图像和提示词。这个等级的服务性价比相对较高。

（3）60 美元 / 月的会员服务除了提供更长的快速生成时间（30 小时）外，最重要的是提供了隐秘图像生成（stealth image generation）服务。这意味着生成的图像不会被放到会员画廊中，其他人无法看到。这个等级的服务适合那些对隐私有特别需求的用户。

（4）120 美元 / 月的会员服务同样提供隐秘图像生成（stealth image generation），它提供了多达 60 个小时的快速生成时间，特别适合 Midjourney 重度使用者或频繁使用的专业设计师。

扫一扫　看视频

1.3　第一张 AI 绘画作品

完成准备工作后，就可以开始创作第一张绘画作品了。

（1）在频道输入框中输入 /imagine 命令（这是 Midjourney 最常用的命令）。

（2）按 Enter 键，Midjourney 会提示用户输入用来描述图像的提示词，如图 1.13 所示。需要注意的是，Midjourney 对中文的支持度并不高，所以在输入提示词时需要将其翻译为英文。例如，如果想生成被誉为"超级玫瑰"的卡罗拉红玫瑰，可以输入提示词 Corolla Red Rose。

（3）输入提示词后，再次按 Enter 键，稍等片刻，Midjourney 便会生成 4 张色彩鲜艳的卡罗拉红玫瑰图像，如图 1.14 所示。

图 1.13　输入提示词

图 1.14　卡罗拉红玫瑰

图像下方会出现 U 和 V 的按钮选项，这分别代表 upscale（放大）和 variation（变化），另外还有一个刷新按钮，用于重新生成图像。U1、U2、U3、U4 按钮分别代表放大 4 张不同的图像。例如，单击 U4 按钮，Midjourney 机器人将把第 4 张图像放大生成，如图 1.15 所示。V1、V2、V3、

V4 按钮分别代表变化 4 张不同的图像。如果单击 V1 ～ V4 按钮，Midjourney 会在选择的图像的基础上重新生成 4 张图像。例如，单击 V1 按钮，Midjourney 在第 1 张图像的基础上重新生成 4 张玫瑰图像，如图 1.16 所示。

 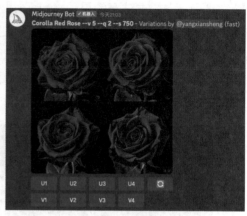

图 1.15　放大的第 4 张玫瑰图片　　　　图 1.16　基于第 1 张图像重新生成 4 张玫瑰图像

第2章

基本功能

■ 本章要点

　　注册完成后，要想充分利用 Midjourney 的强大功能，用户需熟悉其基本操作、理解不同版本间的差异、掌握如何进行参数设置以及如何使用各种命令。本章将详细介绍模型版本、功能操作、参数设定以及命令的使用等内容。用户只有掌握这些技能，才能熟练使用 Midjourney。

2.1 模型版本

扫一扫 看视频

Midjourney 会定期推出新的模型版本，旨在优化图像生成的效率、一致性和质量。尽管在默认情况下用户会使用最新的模型版本，但仍可以通过添加 --version 或 --v 参数选择特定的模型版本。另外，用户也可以利用 /settings 命令设定偏好的模型版本。值得注意的是，不同版本的模型在处理不同类型的图像时各有特色和优势。截至目前，Midjourney 可提供的模型版本序号包括 1、2、3、4、5、6，其中 V5 版本包含 V5、V5.1 和 V5.2 三个子版本。

1. V6 模型

2023 年 12 月 21 日，Midjourney 发布 V6 Alpha(V6 测试版)，V6 做了许多更新，并且提示词的写法与以前版本有很大不同。

（1）V6 的重要更新。从目前测试来看，V6 测试版主要做了以下几个方面的更新。

1）更强的语意理解能力。在 V5 中，提示词的前 15 到 20 个词对生成的图像影响最大，而随着词数的增加，其影响力逐渐减弱。相比之下，V6 能够解析更长的提示词，通常在 350 到 500 个字符之间，甚至更多。这使得 V6 在处理复杂的提示时表现得更为卓越，尤其是那些描述了多个物体及其相互位置关系的场景。

与 V5 相比，V6 在细节处理方面也有显著的提升。在 V5 版本中，一些元素的颜色和位置有时无法被准确捕捉，导致结果与期望有所偏差。然而，V6 能够以惊人的精确度生成具有不同颜色的物体，并且能够正确地描绘它们之间的关系，极少发生元素遗漏的情况。这些进步意味着 V6 不仅在理解更复杂的指令方面更为高效，而且在准确呈现用户设想的场景细节方面也更加出色。图 2.1 是 V6 与 V5.2 在图像生成方面的对比展示。

Prompt：This photo series elegantly showcases a Chinese model in a traditional qipao, highlighting the beauty of Chinese culture. Surrounded by classical furniture and a Chinese painting backdrop, her ensemble—complete with silk fan, traditional hairpins, and embroidered slippers. The scene, adorned with a handcrafted handbag, tea setand jewelry box.

提示词: 这组照片系列优雅地展示了一位身穿传统旗袍的中国模特,凸显了中国文化的美。她被古典家具和中国画背景所环绕,其装扮包括丝质扇子、传统发簪和绣花拖鞋。场景中还装饰着手工制作的手袋、茶具、首饰盒。

（a）V5.2　　　　　　　　　　　　　（b）V6

图 2.1　V5.2 与 V6 在语义理解上对比

这段提示词中包括的元素有中国模特、旗袍、古典家具、中国画、扇子、传统发簪、绣花拖鞋、手袋、茶具、红色香炉和首饰盒等,V5.2 绘制的图像虽然很精美,但缺少扇子、绣花拖鞋、手袋和首饰盒,而 V6 绘制的图像包含了全部元素。

2）品质及细节更精细。V6 模型在图像生成的品质上做出了显著提升,无论是在画面的质感还是在细节的描绘上,都呈现出更加精细的效果。光影的处理也显得更加真实和自然,从而为用户带来更加丰富和生动的视觉体验。

Prompt: An elderly man with white hair and beard, dressed in dark brown sits on an old wooden sofa, holding his hands together.

提示词: 一位白发胡子、身穿深棕色衣服的老人坐在一张旧木沙发上,双手合十。

（a）V5.2　　　　　　　　　　　　　（b）V6

图 2.2　V5.2 与 V6 在细节上对比

如图 2.2 所示，通过对比使用 V5.2 和 V6 模型生成的特写图像，可以清晰地看到 V6 在细节上的锐利度和清晰度比 V5.2 更胜一筹，V5.2 老人的衣服不是深棕色，沙发不是木质沙发，而 V6 却精准捕获这些细节。

3）增加生成文本能力。V6 在理解文本方面取得了重大进步。现在，只需将欲添加至图像中的文本置于"引号"内描述，即可轻松实现。为了精确地指示文本的呈现方式，可以使用如"说""印在""题为""铭刻有""标有""品牌为""用浮雕""用雕刻""用邮票""点缀有""用字母书写"等短语。此外，也可以在多种物品上添加文本，包括对话框、便利贴、书皮、海报、标牌、T 恤、马克杯、广告牌、报纸、杂志、贺卡、信封、车牌、日历、门票、产品包装、名片等。

若想让文本或字母单独显示，可以加入"typography design"这一短语到提示中。如果想要其他部分保持空白，尝试使用"在白色背景上孤立"这样的表述，以实现该效果，如图 2.3 所示。

Prompt : "Hello World!" written with a marker on a sticky note
提示词 : "Hello World!" 用记号笔写在便签上。

（a）V5.2　　　　　　　　　　　　　　　　（b）V6

图 2.3　V5.2 与 V6 添加文字对比

从图 2.3 可以看出，V5.2 上面的文字是错误的，而 V6 却可以精准生成，其文字生成能力明显提升，可惜的是，V6 对中文依旧不支持。

4）多主体控制更好。V6 在处理多主体的控制和统一性方面取得了显著的提升。相较于之前的 V5，在处理含有多个主体的画面时常出现混乱，V6 则能够准确地展现主体的数量、位置以及特征。在 V5 版本中，介词短语往往难以被正确理解；而在 V6 中，介词短语的理解几乎总是准确无误。在 V6 中借助于可靠的介词短语使用，能够轻松地放置物体，并且精确地控制主体之间的位置关系，如图 2.4 所示。

Prompt : There are three baskets full of fruit on a kitchen table. The basket in the middle contains green apples. The basket on the left is filled with strawberries. The basket on the right is full of blueberries. In the background, there is a blank teal wall with a circular window.

提示词：在厨房桌上有三个装满水果的篮子。中间的篮子里装满了青苹果。左边的篮子里装满了草莓。右边的篮子里满是蓝莓。在背景中，有一面空白的青绿色墙，上面有一个圆形窗户。

（a）V5.2　　　　　　　　　　　　　　（b）V6

图 2.4　V5.2 与 V6 多主体控制对比

从图 2.4 可以看出，V5.2 生成的是两篮子苹果，而 V6 却可以精准依次生成三篮子水果：草莓、青苹果、蓝莓。

5）放大器改进。V6 增加了两个新的放大器：subtle（精细放大）和 creative（创意放大），以适应不同的图像处理需求。在某些情况下，创意放大可能会因为"重新绘制"过多或添加过多细节而"破坏"原有图像，精细放大会尽最大努力保持原始创作的完整性，同时使其具有更清晰、更精致的效果，效果图如图 2.5-2.7 所示。

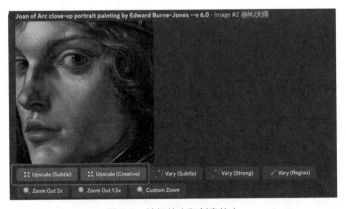

图 2.5　精细放大和创意放大

Prompt : Joan of Arc close-up portrait painting by Edward Burne-Jones

提示词: 爱德华·伯恩·琼斯的圣女贞德特写肖像画

（a）V6　　　　　　　　　　（b）V6 精细变化

图 2.6　V6 与 V6 精细变化对比

（a）V6　　　　　　　　　　（b）V6 创意变化

图 2.7　V6 与 V6 创意变化对比

从图 2.7 看出，精细变化对图像的变化不大，而创意变化对图像有一定程度的变化，图 2.7 中人物表情出现了变化。

（2）V6 的提示词写法。在 V6 中，提示词的制作方式与之前 V5 相比，发生了显著的变化。这要求用户"重新学习"如何精确地构建提示词。V6 对于提示词汇的解析更加敏感，因此，它对于那些可能被视为"填充性质"或过于夸张的描述,如"award winning（获奖）""photorealistic（照片般逼真）""4K""8K"等"垃圾词汇"要避免使用。为了提升与 V6 的互动效果，明确和具体地表达需求变得尤为重要，它能让 Midjourney 更好地理解您的意图。

V6 引入了一个新的提示词结构，这一结构优化了提示词的理解能力，意味着不再倾向于使用随意的短语或词汇。相反，采用一种新的方式来创造提示词，该方式遵循以下公式：

公式：主题（Subject）+ 风格（Style）+ 环境（Setting）+ 构图（Composition）+ 光照（Lighting）+ 附加信息（Additional Info）

下面是对这个公式各部分的详细解释：

1）主题（Subject）：定义图像的核心焦点，这涉及到中心主题如人物、物体或动物的具体特征，包括外观、颜色和任何独特的特性，确保图像中的主要元素被准确识别和呈现。

2）风格（Style）：提供具体的审美或艺术方向，指定所偏好的艺术风格或时代。这旨在确保图像不仅符合用户的视觉偏好，而且也反映了特定的艺术表达或文化背景。

3）环境（Setting）：为主题设置一个背景或环境，这包括描述位置（室内、室外或虚构的）、环境元素（如自然景观或城市景象）、时间和天气条件。这有助于为图像提供上下文，增强其故事性和情感深度。

4）构图（Composition）：安排主题和元素的布局和视角，这涉及到视角（如特写、广角、航拍）、角度以及具体的构图偏好。这样可以控制观众的注意力，指导他们的视线流动，从而创造出更加引人入胜的视觉体验。

5）光照（Lighting）：设置图像的情绪和视觉效果，选择光照类型（如明亮、昏暗、自然）、情绪（如愉快、神秘）以及大气效果。光照不仅影响图像的美观度和真实感，也是表达情绪和氛围的关键元素。

6）附加信息（Additional Info）：为图像增添更多的复杂性和深度，包括次要对象、角色、动物及其与主题的相互作用或相对位置。这一步骤允许用户进一步定制他们的提示，以创造出更为丰富和多层次的视觉作品。

通过这种综合性的提示构造方法，V6 能够以更加敏锐和精细的方式解析用户的意图，从而生成更加精确和满意的图像，如图 2.8 所示。

Prompt：a mechanic woman, GTA portrait flat illustration , pastel tones , garage in the background , videogame loading screen , digital 2D

提示词：女机械师（主题），GTA 肖像平面插图（风格），柔和的色调（光照），背景是车库（环境），电子游戏加载屏幕（构图），数字 2d（附加信息）

图 2.8 女机械师

2. V4 模型和 V5 各个子版本模型

（1）V4 模型和 V5 模型。Midjourney V4 模型是指由 Midjourney 设计并在其全新的 AI 超级计算机上训练的全新代码库和 AI 架构。这个模型在处理生物、地点、物体等方面拥有更加丰富的知识库，更擅长处理细节，同时也能够处理包含多个角色或对象的复杂提示词。此外，V4 模型还支持图像组合提示词等高级功能。

V5 模型表现出极高的一致性，并且在解读自然语言提示词方面更为出色。这意味着由 V5 模型生成的图像能够准确地表达出提示词的含义，同时图像分辨率更高，还支持高级功能，如使用 --tile 功能进行纹理平铺等。

事实上，V4 模型和 V5 模型各有优势。V4 模型在生成创新景观和处理抽象请求上大放异彩；而 V5 模型在控制镜头语言方面的光影渲染效果更具写实感和自然感，生成的人物更为逼真，特别在处理手部细节上更显真实。同时，其作品中的 AI 感已经相当微弱，几乎难以察觉。在处理相关细节和模仿著名艺术家风格上，V5 模型表现得更为出色。然而，V5 模型的构图更为碎片化，会生成一些不必要的细节，导致图像锐利度和清晰度有所下降。

如果想要使用不同的模型，只需输入 /settings 命令，选择 MJ Version 4 或 MJ Version 5.0（图 2.9）即可。如此就可以轻松切换相应的模型。在接下来的内容中，将重点介绍如何以类似的方式切换到其他版本的模型。

图 2.9　Midjourney 模型选择

　　下面是 V4 模型和 V5 模型生成图像的对比（本书中的提示词示例使用
Prompt 表示，下面中文解释是对英文的翻译）。

Prompt : pov shot of 3 cats watching you

提示词: 3 只猫看着的镜头

根据以上提示词生成的图像如图 2.10 所示。

（a）V4 模型　　　　　　　　　　　　　　　（b）V5 模型

图 2.10　镜头控制对比

　　从生成的图像来看，V5 模型在镜头语言的控制上比 V4 模型要强。

Prompt : fine-art underwater photography of swimming pool,
stunning photos of running horse underwater, full body horse, bright,
artistic, magic time, atmospheric, masterpiece, vivid color, HDR, super-
realistic, sharp focus, super detailed, 500px, 8K, wallpaper

提示词: 游泳池的美术水下摄影，水下奔跑的马的惊人照片，全身马，明亮，
艺术，神奇的时间，大气，杰作，生动的颜色，HDR，超逼真，清晰的焦点，
超详细，500px，8K，壁纸

根据以上提示词生成的图像如图 2.11 所示。

（a）V4 模型　　　　　　　　　　　　　（b）V5 模型

图 2.11　水下奔跑的马对比

图 2.11 是使用 V4 模型和 V5 模型生成的水下奔跑的马，其中 V5 模型水下场景的表现良好，光影和水波反射的处理都非常真实。

图 2.12 所示是在人的手部细节处理上对两个模型进行对比分析。

Prompt : a young woman's hand

提示词：一只年轻女人的手

（a）V4 模型　　　　　　　　　　　　　（b）V5 模型

图 2.12　人的手部对比

从图 2.12 可以看出，在处理手部细节方面，V5 模型比 V4 模型更真实。

图 2.13 所示是在数量控制上对两个模型进行对比分析。

Prompt : 3 lemons and 2 glass bowls

提示词: 3 个柠檬和 2 个玻璃碗

（a）V4 模型　　　　　　　　　　　　　（b）V5 模型

图 2.13　数量控制对比

从图 2.13 可以看出，V4 模型和 V5 模型都未能精确控制数量，不过 V5 模型的水彩渲染效果要优于 V4 模型。

图 2.14 所示是使用复杂提示词对两个模型进行对比。

Prompt : a person is on a fishing boat facing the lake, the boat is in the middle of the lake, birds fly overhead, a mountain shimmers in the distant sky, a cloudy sky, Monet's style

提示词: 一个人坐在一艘面向湖面的渔船上，船在湖心，鸟儿在头顶飞翔，远处天空中有一座山闪闪发光，天空乌云密布，莫奈风格

根据以上提示词生成的图像如图 2.14 所示。

（a）V4 模型　　　　　　　　　　　　　（b）V5 模型

图 2.14　复杂提示词对比

　　图 2.14 使用的提示词较为复杂，涵盖了人、船、鸟、湖泊、云、山等多个元素。在图 2.14 中，V4 模型和 V5 模型表现得相当出色。如果进行深入比较，则会发现 V4 模型在生成富有创意的景观和处理抽象的查询上更有优势，而 V5 模型在细节呈现和模仿著名艺术家的风格方面更具优势。

　　（2）V5.1 模型。2023 年 5 月初，Midjourney 推出了 V5.1 模型。这是 Midjourney 首次在版本间进行小数点的更新，以实现更加灵活的模型版本，并更倾向于 V4 模型的简短提示词风格。相较于 V5 模型，V5.1 模型的连贯性更高，对文本提示的解读更精准，边缘框线或文本残留较少，锐度得到了优化。

　　以下是 V5 模型和 V5.1 模型的对比。

Prompt：cinematic still shot by Kodak Vision 500T 5263 35mm of a cyberpunk penguin standing in an amazing futuristic Chinese city

　　提示词：柯达视觉 500T 5263 拍摄的电影剧照，35mm，一只赛博朋克企鹅站在一个令人惊叹的未来中国城市

　　根据以上提示词生成的图像如图 2.15 所示。

（a）V5 模型　　　　　　　　　　　（b）V5.1 模型

图 2.15　V5 模型与 V5.1 模型对比

　　图 2.15（a）是由 V5 模型生成的，图 2.15（b）是由 V5.1 模型生成的，通过对比可以看出 V5.1 模型的视觉效果优于 V5 模型。

　　（3）V5.2 模型。2023 年 6 月下旬，Midjourney 推出了 V5.2 模型。此模型生成的图像更加细致、锐利，且具有更好的颜色、对比度和构图。它对提示词的理解优于之前的模型。

　　V5.2 模型主要更新了以下主要功能：

1）**图像扩展功能。**单击图像下面的 U 按钮，新的放大图下会出现变体和放大功能按钮，如图 2.16 所示。

Vary（Strong）[变体（强）] : 生成的 4 张图像比原图变化更大。

Vary（Subtle）[变体（弱）] : 生成的 4 张图像与原图内容基本一致，只是稍微改变了一些细节。

Zoom Out 2 x : 在原来的图像边缘填充 2 倍的细节内容。

Zoom Out 1.5 x : 在原来的图像边缘填充 1.5 倍的细节内容。

Custom Zoom : 自定义缩放选项，允许修改图像的尺寸和扩展倍数。

图 2.16　图像扩展功能

Prompt : high contrast surreal collage

提示词: 高对比度超现实拼贴

根据以上提示词生成的图像如图 2.17 所示。

图 2.17　V5.2 模型生成的图像

图 2.18 所示是放大两倍（Zoom Out 2 x）的细节对比图，其中图 2.10（b）是放大 2 倍的图像，可以看出图中增加很多细节。

Prompt : a swan in the lake

提示词： 湖中的天鹅

（a）原图 （b）放大两倍后

图 2.18 图像放大两倍细节对比

2）全新的 /shorten 命令。该命令可以帮助分析提示词，从而确定哪些单词无效，哪些单词起到关键作用。

例如，使用 /shorten 命令输入下面的提示词。

Prompt : a striking portrait of a Chinese girl on a busy city street, her hair beautifully flowing in the wind, wearing a mix of traditional and modern clothing, bold and confident expression, photography, Canon EOS R with 85mm f/1.2 lens

提示词： 一幅引人注目的中国女孩在繁忙的城市街道上的肖像，她的头发在风中飘动，穿着传统和现代的服装，大胆而自信的表情，摄影，佳能 EOS R，85mm f/1.2 镜头

分析结果如图 2.19 所示，其中，白色加粗的部分标识了关键的提示词，而带有删除线的部分则代表无效的提示词。通过这样的方式，能够更深入地了解 Midjourney 如何区分关键和无效的提示词，从而使未来的提示词选择更加简洁、精准。此外，系统还会智能提供 5 个相关的提示词组合作为参考。

单击 Show Details 按钮，可以获得关于提示词的详细信息，这些信息对理解如何更有效地使用提示词至关重要，如图 2.20 所示。

图 2.19 /shorten 命令反馈的修改内容   图 2.20 关键词分析

3）**全新图像变体功能。**该功能默认开启，使所生成的图像具有变化多样性。要切换这个模式，输入 /settings 命令并选择该变化模式。此外，在每张放大图像的下方，还可以根据需求选择变化的强度如图 2.21 所示。

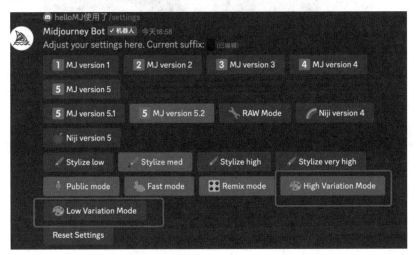

图 2.21 高变异模式

4）**全新的美学系统。**此版本的模型带来了更出色的美感和更清晰的图像效果，而且在连贯性和文本理解能力上也有轻微的提升，同时增加了图像的多样性。在该模型中，--stylize 参数可以显著影响图像的风格化程度，参数值范围为 0 ~ 1000，默认参数值为 100。

另外，V5.1 模型和 V5.2 模型都可以使用 --style 参数进行微调，以减少 Midjourney 默认美学。图 2.22 所示是 V5.2 模型使用 --style 参数生成的原始风格图像。

Prompt : high contrast surreal collage --style raw

提示词： 高对比度超现实拼贴，风格原始

图 2.22　V5.2 模型生成的原始风格图像

3. V4 模型版本样式

Midjourney 的 V4 模型提供了 3 种略有区别的风格选项，这 3 种选项对模型的风格特性进行了微调。用户可以通过在提示词末尾添加 --style 4a、--style 4b 或 --style 4c 的方式来使用这 3 种不同风格。目前，--style 4c 是默认选项，因此在提示词末尾无须添加。

注意： --style 4a 和 --style 4b 仅支持 1 ：1、2 ：3 和 3 ：2 的纵横比。--style 4c 能支持高达 1 ：2 或 2 ：1 的纵横比。

图 2.23 展示了使用 --style 4a、--style 4b 和 --style 4c 生成的荷兰郁金香图像。

Prompt : vibrant Dutch tulips --style 4a

Prompt : vibrant Dutch tulips --style 4b

Prompt : vibrant Dutch tulips --style 4c

提示词： 生机勃勃的荷兰郁金香

（a）使用 --style 4a 参数　　　（b）使用 --style 4b 参数　　　（c）使用 --style 4c 参数

图 2.23　V4 模型不同风格的图像对比

4. 旧版本模型

润色：通过使用 /settings 命令并选择相应的模型版本来访问早期的模型版本。各个模型都有其独特的优势，都擅长处理不同类型的图像。图 2.24 所示是用 V1 模型、V2 模型和 V3 模型生成的"坐在树枝上的鸟"。

Prompt：birds sitting on a twig

提示词：坐在树枝上的鸟

（a）V1 模型　　　　　　　　（b）V2 模型　　　　　　　　（c）V3 模型

图 2.24　V1 模型、V2 模型与 V3 模型生成图像对比

从图 2.24 可以看出，V1、V2 和 V3 三个版本的模型在图像生成质量上呈现逐步提升的趋势。V1 模型生成的图像具有高度的抽象性和艺术性，但一致性较低；V2 模型生成的图像富有创新性，色彩鲜艳且绘画感强烈，并保持了适度的一致性；V3 模型则能产生具有较高创新性的构图，同时也维持了良好的一致性。

5. Niji（霓虹）二次元动漫模型

Niji 模型被广泛称为二次元模型，是 Midjourney 团队与来自麻省理工学院的 Spellbrush 团队共同开发的一款特色模型，其主打的是动漫和插图创作风格。该模型拥有丰富的动漫风格和美学知识，擅长创建充满动感的场景，并且非常注重角色设计和构图。通常，Niji 模型在动态镜头、动作场景以及以角色为核心的构图方面表现出色。目前，Niji 模型有三个版本，分别是 V4、V5 和 V6。

（1）Niji V6 模型。Midjourney Niji V6 是一个专门为创建动漫风格数字艺术设计的最新 AI 模型。与 V5 相比，该模型提供了显著的改进，能够更有效地解释更复杂和详细的提示，能够将文本与图像无缝集成，允许艺术家直接在图像上添加文本，从而使艺术作品更加个性化和独特。另外，Niji V6 模型配备了 Style Raw 功能，适用于喜欢除动漫之外风格的用户，提供了艺术创作的灵活性和多样性。Midjourney Niji V6 能创建的艺术类型涵盖各种动漫流派和主题，包括角色设计、场景设置、动作序列甚至时尚设计。这种多样性突显了该模型的多功能性及其作为艺术家、创作者和动漫爱好者探索 AI 新创意视野的强大工具的潜力，如图 2.25 所示。

要使用 Midjourney Niji V6，用户只需在命令中添加 --niji 6 参数，或者导航到 Niji 机器人的'/settings'并选择 Niji 版本 6 版。

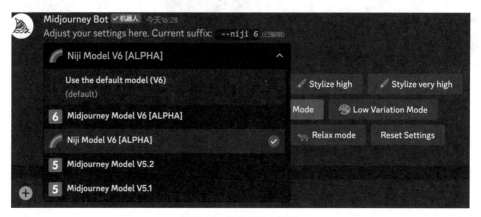

图 2.25　选择 Niji 6 模型

1）使用更复杂的提示词描述细节。Niji 6 在处理细节时更加精准，使用 Niji 6 时，可以尝试更加复杂和详细的提示词，以最大限度地发挥其潜能。

Prompt : There are two people standing next to each other: a man with blue hair and blue eyes on the left, a girl with red long hair and green eyes on the right

提示词： 旁边站着两个人：左边是一个蓝头发蓝眼睛的男孩，右边是一个红长发绿眼睛的女孩

图 2.26　Niji V6 绘制的动漫男孩和女孩

从图 2.26 中可以看出，动漫男孩和女孩的头发颜色和眼睛颜色等细节被精准绘制出来。

如果尝试创建一些 Niji 6 不常见的内容，可以通过具体详细的提示词说明所期望的效果。

2）使用"引用"生成文本。Niji 现在新增了文本书写功能，允许用户直接将文字（英文）嵌入到图片中。与 Midjourney V6 相同，只需将文本放置于引号内即可实现这一操作。这为创作带来了更多灵活性和表达可能性，如图 2.27 所示。

Prompt : a girl holding a sign that says "hello" while jumping in the air

提示词： 小女孩举着一块写着"你好"的牌子在空中跳跃

图 2.27　Niji V6 在图像中添加文字

3）使用 --style raw 切换到非动漫。Niji 团队注意到，不是所有粉丝都对动漫感兴趣。为了满足那些偏好减少动漫元素影响的用户，Niji 引入了 RAW 模式。通过在提示中添加 --style raw 参数或在设置菜单中选择"RAW 模式"来启用这一模式，以便创作更多风格多样的艺术作品，如图 2.28 和 2.29 所示。

图 2.28　选择 RAW 模式

Prompt : a young beautiful girl, smiling, Asymmetrical Cut hair style, fall dress, outdoor view

提示词： 一个年轻漂亮的女孩，微笑，不对称发型，秋季连衣裙，户外视野

（a）动漫模型　　　　　　　　　　（b）RAW 模型

图 2.29　Niji V6 动漫模型与 RAW 模型对比

（2）Niji V5 与 V4 模型。同样，Niji V5 模型在绘画能力上相较于 Niji V4 模型有显著提升。Niji V5 模型展示出色的造型张力、色彩使用以及丰富的风格化表现。从宫崎骏的手绘风格，到迪士尼电影的画风，再到目前热门的古风科幻、蒸汽朋克、废土朋克、西方魔幻等多种主题，此模型的适用范围极为广泛。

例如，用西方魔幻风格画一群海边的动物。

Prompt : A group of animals in the seaside, Western Magic

提示词: 海边的一群动物，西方魔幻

根据以上提示词生成的图像，如图 2.30 所示。

（a）Niji V4 模型　　　　　　　　　　　　（b）Niji V5 模型

图 2.30 生成图像对比

通过图 2.30 可以看出，在细节和艺术风格上 Niji V4 模型比 Niji V5 模型做得更好。

Niji 模型同样支持使用 --style 参数进行风格微调，且提供 3 种不同的风格选项：默认风格、--style expressive 和 --style cute。若要采用不同的风格，只需在提示词中添加 --style expressive 或 --style cute 即可。

--style expressive：该美学风格更为成熟，用于对同一个想法进行各种绘画式的探索。如果倾向于在动漫图像中体验更加西式的美学，那么该风格会非常适合。

--style cute：该美学风格为作品注入了一股奇思妙想的气息，使用它将给创作带来迷人且令人愉快的感觉。区别于其他风格，这种可爱风格的图像中充满了舒缓和装饰性的细节，因此鼓励观众细细欣赏，发现图像中隐藏的宝藏。

例如，对以下提示词，使用 Niji V5 模型的 3 种不同的风格生成的图像如图

2.31 所示。

Prompt:Chinese painting，a girl is in the garden, the girl sits by the pond and puts her feet into the pond, delicate face, beautiful eyes, the girl is wearing light blue and white Hanfu

提示词： 中国画，一个女孩在花园里，女孩坐在池塘边，把脚伸进池塘里，精致的脸，美丽的眼睛，女孩穿着浅蓝色和白色的汉服

（a）默认风格　　　　　　（b）cute 风格　　　　　　（c）expressive 风格

图 2.31　Niji V5 模型的 3 种风格对比

2.2 放 大 器

扫一扫　看视频

Midjourney 为每个任务生成一个由 4 张低分辨率图像构成的图像网格。这 4 张图像下方分别配有 U1、U2、U3、U4 按钮，如图 2.32 所示，可以利用这些按钮放大选定的图像。通过放大操作，不仅可以增加图像的尺寸，还能展示更多丰富的细节。

图 2.32　图像放大器

1. 图像尺寸和大小

不同模型生成的图像大小有所不同，放大后的尺寸也有所不同，见表 2.1。

表 2.1　不同模型的尺寸

模型版本	初始网格	V4 模型默认放大器	细节放大器	轻度放大器	测试版放大器	动漫放大器	最大放大器（Max Upscale）
V4 模型	512×512	1024×1024	1024×1024	1024×1024	2048×2048	1024×1024	—
V5 模型	1024×1024	—	—	—	—	—	—
V1～V3 模型	256×256	—	1024×1024	1024×1024	1024×1024	1024×1024	1664×1664
Niji 模型	512×512	1024×1024	1024×1024	1024×1024	2048×2048	1024×1024	—
Niji V5 模型	1024×1024	—	—	—	—	—	—
测试模型	512×512	—	—	—	2048×2048	1024×1024	—
HD	512×512	—	1536×1536	1536×1536	2048×2048	—	1024×1024

表 2.1 中的最大放大器（Max Upscale）项是一个较早期的放大功能，只有在用户选择"快速模式"时才可用。然而，最新的 V5 模型能够直接生成 1024px×1024px 的高分辨率图像网格，不需要对图像进行额外的放大处理（默认生成的 4 张图像即为最终效果，放大功能并不会增加更多的图像细节）。因此，下面描述的放大器在 V5 模型中并不适用。

2. 放大器

放大器分为常规放大器（Regular Upscale）、轻度放大器（Light Upscale）、细节放大器（Detail Upscale）、测试版放大器（Beta Upscale）、动漫放大器（Anime Upscale）和最大放大器（Max upscale）。最常用的是轻度放大器、测试版放大器和动漫放大器。

切换放大器有两种方法：①使用放大器参数，将 --uplight、--upbeta 或 --upanime 添加到 Prompt 提示词中；②使用放大重做按钮。单击图像方格下面的 U1、U2、U3、U4 放大按钮后，放大图像下方有放大重做按钮可供选择，如图 2.33 所示。

图 2.33　放大重做按钮

（1）常规放大器

单击图像网格下方的 U1、U2、U3、U4 放大按钮即可使用常规放大器（即默认放大器）。该放大器在放大图像尺寸的同时也会增加图像的平滑度和详细程度。放大过程中，初始网格图像中的一些小元素会在高质量图像中发生变化，如图 2.34 所示。

Prompt : thatched cottage

提示词： 草屋

图 2.34　默认放大器效果

图 2.34 中，使用默认放大器后草屋旁边的花草、草屋的屋顶、大门、窗户等细节都发生了明显变化。

（2）轻度放大器

轻度放大器会生成一个 1024px×1024px 的图像，并添加更多的细节和纹理。当使用较旧版本的 Midjourney 模型时，轻度放大器对于处理角色面部和光滑表面尤其有效，如图 2.35 所示。

Prompt : marble table

提示词: 大理石桌子

图 2.35　轻度放大器效果

从图 2.35 可以看出，使用轻度放大器后，大理石桌子、柱子和墙壁纹理更清晰。

（3）细节放大器

细节放大器能生成 1024px×1024px 的图像，并向图像添加许多额外的精致细节。使用细节放大器之前，需要先单击默认的放大按钮，然后在新生成的图像下方单击轻度放大器按钮。当新图像再次生成时，细节放大器的选项就会出现在图像下方，如图 2.36 所示。

图 2.36　细节放大器

图 2.37 所示是使用细节放大器后的效果图。

Prompt : The pheasant is eating corn seeds

提示词: 野鸡在吃玉米

图 2.37　细节放大器效果

从图 2.37 可以看出，使用细节放大器后，这张野鸡吃玉米图增加了更多的细节，如玉米颗粒更清晰、野鸡羽毛更鲜艳等。

（4）测试版放大器

测试版放大器会创建一个 2048px×2048px 的图像，但是不会添加额外的细节。测试版放大器适用于角色面部或光滑的表面。

图 2.38 所示是使用测试版放大器后的效果图。

Prompt： a yellow tulip

提示词： 一朵黄色郁金香

图 2.38　测试版放大器效果

从图 2.38 可以看出，图像在使用测试版放大器放大后几乎没有细节变化。

（5）动漫放大器

动漫放大器是 Niji 模型的默认放大器。它将图像放大到 1024px×1024px，并经过优化以配合插图和动漫风格使用。使用动漫放大器需要使用 Niji 模型。

图 2.39 所示是使用动漫放大器后的效果图。

Prompt： a beatuiful girl --niji 4

提示词： 一个漂亮的女孩

图 2.39　动漫放大器效果

2.3 变形操作

生成图像后,图像下方有 4 个 U 按钮和 4 个 V 按钮(图 2.40),U 按钮用于进行放大操作, V 按钮用于创建所选网格图像的细微变化。创建变体会生成与所选图像的整体风格和构图相似的新图像网格,如图 2.41 所示。

扫一扫　看视频

图 2.40　U 按钮和 V 按钮

Prompt : Q version anime little boy with rabbit ears

提示词: 戴有兔子耳朵的 Q 版动漫小男孩。

图 2.41　Q 版动漫小男孩

当单击 V1 按钮时,会根据第 1 张图像重新生成 4 张图像,如图 2.42 所示。当单击 U4 按钮时,将展示第 4 张图像的放大版,如图 2.43 所示。

图 2.42　Q 版动漫小男孩第 1 张图像的变形图

图 2.43　Q 版动漫小男孩第 4 张图像的放大版

图 2.43 下方有 3 个按钮，分别是 Make Variations、Remaster 和 Web。Make Variations 按钮与 V 按钮功能相同，可以根据当前图像重新生成 4 张新图像，也就是创建 4 张与当前图像相似的变形图。Remaster 按钮则用于重新创作已放大的图像，并生成 4 张新图像。单击 Web 按钮，则会跳转至图像下载页面。

2.4 参数设置

扫一扫　看视频

Midjourney 的参数设置是通过 /settings 命令进行的。除了之前提到的模型版本可供选择之外，Midjourney 还有一些其他重要的参数可供设置。参数设置界面如图 2.44 所示。

图 2.44　参数设置界面

1. 风格差异度

风格差异度主要分为 4 个等级，分别是低（Stylize low）、中（Stylize med）、高（Stylize high）以及非常高（Stylize very high）。风格差异度主要用于控制生成的 4 张图像间的风格差异化程度。例如，当风格差异度设置为低时，生成的 4 张图像的风格较为统一；当风格差异度设置为中时，生成的 4 张图像的风格差异非常大。图 2.45 分别采用了低和非常高的风格差异度设置，可以明显看出，图 2.45（b）所示的 4 张图像相比图 2.45（a）所示的 4 张图像在风格上的变化更大。

Prompt： Chinese painting, old man fishing by the lake

提示词： 中国画，老人在湖边钓鱼。

（a）低　　　　　　　　　　　　（b）非常高

图 2.45　风格差异度对比

2. 输出模式

在进行图像润色时，Midjourney 会提供多种输出模式，且部分模式的可用性受所选模型版本和用户会员等级影响。

（1）公开模式（Public mode）：在该模式下，创建的作品会被分享到公开频道，可以让其他用户看到。另外，也可以在会员画廊（Gallery）中查看所有人生成的图像。

（2）快速模式（Fast mode）：该模式可以快速地生成图像，无须等待 GPU资源。

（3）混音模式（Remix mode）：当启用混音模式时，单击 V1、V2、V3、V4 按钮后，系统会弹出重新编辑提示词窗口，以便对图像进行微调。

（4）隐私模式（Stealth mode 或 Private mode）：在该模式下，只能看到用户自己生成的作品，不会被分享到公开频道。只有购买了 Pro Plan 服务的用户才能使用该模式。

（5）放松模式（Relax mode）：放松模式下的图像生成较慢。购买套餐的用户可以无限制地生成图像，但生成速度会降低，生成时间通常在 10 分钟以内。在放松模式下，所有图像生成请求都会进入排队等待状态，只有当快速模式的用户不使用 GPU 资源时，才会将 GPU 资源提供给放松模式的用户，因此需要较长的等待时间。这在本质上是对闲置资源的利用。

（6）原始模式（Raw mode）：这是 Midjourney V5.1 新增的模式。原始模式能够提供更优质的图像渲染效果。

图 2.46 所示是使用 Midjourney V5.1 版本的原始模式生成的熊猫在吃竹子的图像。

Prompt : pandas are eating bamboo

提示词: 熊猫在吃竹子

图 2.46　熊猫在吃竹子

2.5　常用指令

扫一扫　看视频

虽然 Midjourney 上手相对简单，但想要精通则需要更深入地理解和实践。这是因为其大部分操作都是通过指令来完成的。要想创作出满意的画作，用户需要熟练掌握各种指令和参数的运用。在本节中，将深入讲解这些常用指令。只要用户能熟练掌握并记住这些指令，其创作能力才会得到显著提升。

下面是一些常见指令。

1. /imagine

/imagine 是 Midjourney 最基本、最重要的命令。在 /imagine 后面输入提示词（图 2.47），按 Enter 键就可以生成图像。前文已经大量使用文本提示词演示其常规用法，在此不再举例。

图 2.47　输入提示词

2. /blend

/blend 命令可以将多个图像混合在一起生成新的图像。例如，上传 2 ～ 5 张图像，预览这几张图像，然后将它们混合成一张全新的图像。其具体使用方法将在 2.7 节中详细阐述。

3. /ask

/ask 命令是绘图"小助手"。如果在绘图过程中遇到什么问题，都可以通过 /ask 命令来寻找答案。例如，在生成全身像时不知道如何编写提示词，或者想要查询某个命令的具体用法，又或者不知道如何完成某种操作等，都可以通过该命令获得帮助。

例如，如何生成全身像？

（1）在输入框中输入 /ask 命令，按 Enter 键，输入英文"How do I get a full body shot?"，如图 2.48 所示。

图 2.48　输入问题

（2）按 Enter 键，显示内容如图 2.49 所示。单击 Read about full body shots 链接，跳转到关于解决这个问题的详情页面，如图 2.50 所示。

图 2.49　单击解决方法链接

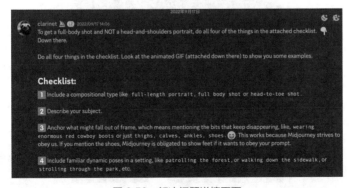

图 2.50　解决问题详情页面

4./describe（以图生文）

/describe 命令用于根据上传的图像生成 4 组提示词。使用 /describe 命令可以生成富有启发性和指导性的提示词，从而辅助用户创作。

操作步骤如下：

（1）输入 /describe 命令，按 Enter 键，显示如图 2.51 所示的界面。

图 2.51　输入 /describe 命令

（2）上传图像，显示如图 2.52 所示的界面。

图 2.52　上传图像

（3）按 Enter 键，显示描述该图像的 4 组提示词，如图 2.53 所示。

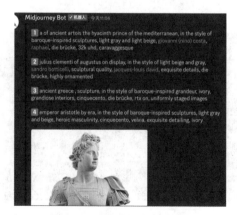

图 2.53　显示该图像的提示词

5. /help

就如许多其他的软件工具一样，/help 命令可以调出一系列的帮助内容，以显示有关 Midjourney Bot 机器人的基本信息和提示，为使用提供便利。尽管这个命令不会被频繁使用，但是对于刚开始使用 Midjourney 的用户来说，它可以提供非常有帮助的指导，如图 2.54 所示。

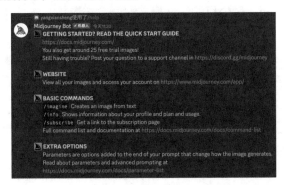

图 2.54　通过 /help 命令打开的帮助页面

6. /info

在任何包含 Midjourney 机器人的频道或者直接在与机器人的私人对话框中，输入 /info 命令，可以获取包括当前队列中的图像、处理中的图像、订阅类型、下次续订日期等相关信息，如图 2.55 所示。需要注意的是，这些信息只有用户自己可以看到。

图 2.55　通过 /info 命令打开的账户信息页面

图 2.55 中的信息解释如下：

（1）Subscription（订阅）：此部分显示了当前的订阅等级和下次续订的日期。

（2）Job Mode（工作模式）：此部分显示了当前是否在 Fast（快速）模式

或 Relax（放松）模式下工作。需要注意的是，放松模式只适用于 Standard（中级）和 Pro（高级）的订阅用户。

（3）Visibility Mode（可见性模式）：此部分显示了作品是在公开（Public）模式还是隐私（Private）模式下展示。隐私模式只适用于高级（Pro）的订阅用户。

（4）Fast Time Remaining（剩余快速模式时间）：显示在当前月份内剩余的快速模式使用时间。每个月的快速模式时间会被重置，未使用的时间不会累计到下个月。

（5）Lifetime Usage（累计使用量）：显示在此账号下创建的所有图像的总数，包括初始的图像网格、放大图像、变形图像和混合图像等。

（6）Relaxed Usage（当月放松模式使用）：显示在当前月份内的放松模式使用情况。对于频繁使用放松模式的用户来说，可能会面临稍长的等待时间。每个月的使用情况会被重置。

（7）Queued Jobs（排队中的工作）：显示当前在排队等待生成的图像数量。最多可以同时排队 7 个图像生成任务。

（8）Running Jobs（运行中的工作）：显示当前正在处理的图像生成数量。最多可以同时进行 3 个图像生成任务。

7. /subscribe

/subscribe 命令能够让用户快速访问 Midjourney 的订阅页面。如果用户想要订阅 Midjourney 的付费会员，只需在消息输入框中输入 /subscribe 并按 Enter 键发送。之后，将收到 Midjourney Bot 发送的会员订阅链接，如图 2.56 所示。单击 Open subscription page 按钮，即可直接跳转到 Midjourney 的订阅计划页面。

图 2.56　Midjourney Bot 发送的会员订阅链接

8. /settings

/settings 命令用于查看和调整 Midjourney Bot 的设置，其提供了一系列可用的选项切换按钮，如模型版本、风格化、质量和放大器版本，以及生成速度、公开 / 隐私模式等。如图 2.57 所示，序号 1 区域用于设置不同的模型版本；序号 2 区域用于设置生成图像的风格化参数；序号 3 区域用于在公开模式和隐私模式之间切换，改变生成模式，以及切换到混音模式。关于模型版本、风格化以及模式设置的详细内容，请参考 2.1 节和 2.4 节，这里不再赘述。

图 2.57　Midjourney 设置面板

9. /prefer option set

在使用 Midjourney 的过程中，为避免输入和记录大量的参数，或者为避免指令过于复杂，Midjourney 提供了一个非常实用的命令，即 prefer option set。该命令帮助用户创建自定义参数。通过该命令，能迅速地将一系列参数添加到提示词的末尾。该命令的设计目标是让用户有能力自定义某些参数，并在接下来的使用中直接调用这些参数，从而避免重复输入。这种方式不仅能节省输入时间，而且能减少因输入错误带来的潜在问题。

偏好选项设置使用示例如下。

（1）自定义参数。

1）在输入框中输入命令 /prefer option set。

2）按 Enter 键，输入想设置的参数名，如 color3d。

3）单击旁边的增加 1 按钮，再单击上方的 value 按钮，在输入框中继续输入想要设置的参数值。例如，可以自定义参数值为 "in the style of colorful animations，tachisme,realistic forms, gongbi,cut and paste, classic, 3d"，如图 2.58 所示。

4）输入完成后，按 Enter 键，系统会返回一条消息告知自定义参数添加成功，如图 2.59 所示。

图 2.58　设置参数

图 2.59　自定义参数添加成功

（2）使用自定义参数。参数设置完毕后，如果想使用这些参数，只需在提示词中添加"-- 参数名"即可。例如，对于提示词 Vibrant velvet rose bushes --color3d（图 2.60），实际上的完整提示词内容为"Vibrant velvet rose bushes in the style of colorful animations, tachisme, realistic forms, gongbi, cut and paste, classic, 3d。"生成的玫瑰花图像效果如图 2.61 所示。

图 2.60　输入提示词

图 2.61　生成的玫瑰花图像效果

如果需要继续添加更多的自定义参数，按照同样的操作步骤进行操作即可。如果不需要某个自定义参数，使用 /prefer option set 命令来移除它。在输入这个命令后，系统会列出所有当前设定的自定义参数。只需在这个列表中选择想要删除的参数名称，然后按 Enter 键，系统随后会发送一条消息，确认参数已成功删除。

10. /prefer option list

如果想查看所有当前设定的自定义参数，则使用 /prefer option list 命令。输入该命令后，系统会列出所有的自定义参数名称及其对应的值，如图 2.62 所示。该命令有助于随时查看参数设定，避免重复设置或误删除参数。

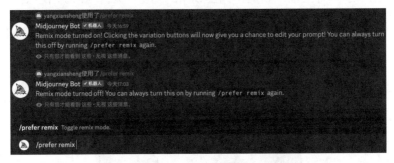

图2.62　自定义参数名称及其对应的值

11. /prefer suffix

使用 /prefer suffix 命令可以在所有的提示词后自动添加指定的后缀。若想要取消这个设置，只需输入不带值的相同命令即可。注意，只有 Parameters 参数才可以与 /prefer suffix 命令一起使用。

12. /prefer remix

通过输入 /prefer remix 命令，可以打开或关闭 Remix 模式，如图 2.63 所示。另外，也可以选择输入 /settings 命令打开或关闭 Remix 模式。

图 2.63　打开或关闭 Remix 模式

Remix 模式可以改变图像网格下的变体按钮（V1、V2、V3、V4）的行为。一旦启用了 Remix 模式，可以在生成每个图像变体时进行提示词的编辑。如果想对放大后的图像进行 Remix 修改，则单击 Make Variations 按钮。

图 2.64 所示是启用 Remix 模式的示例。

Prompt：line-art stack of pumpkins

提示词：线条艺术南瓜堆

图 2.64　南瓜堆

启用 Remix 模式后，变体 V 按钮在使用后会变为绿色而不是常规的蓝色，如图 2.64 所示。当单击 V 按钮时，会弹出修改提示词的弹窗，如图 2.65 所示。

图 2.65　修改提示词的弹窗

在弹窗中修改或输入新的提示词，单击"提交"按钮，Midjourney 机器人会在原始图像的基础上根据新提示词生成新的图像，如图 2.66 所示。

图 2.66　生成的新图像

在 Remix 模式下，可以添加或删除参数，但必须使用有效的参数组合。当使用 Remix 模式时，影响变体的参数才会起作用，见表 2.2。

表 2.2　Remix 模式对参数的影响

参　　数	影响初始生成结果	影响变体和 Remix 改稿效果
Aspect Ratio*（宽高比）	√	√
Chaos（混乱值）	√	
Image Weight（图片权重）	√	

续表

参　　数	影响初始生成结果	影响变体和 Remix 改稿效果
No（排除）	√	√
Quality（质量）	√	
Seed（种子值）	√	
Same Seed（相同种子值）	√	
Stop（停止）	√	√
Stylize（风格化）	√	
Tile（平铺）	√	√
Video（视频）	√	√

使用 Remix 模式更改图像的宽高比，会导致图像被拉伸。但并不能扩展画布、添加缺失的细节或修复被裁剪的元素。

13. /show

/show 命令使用 job_id（图像 ID）以将图像转移到另一个服务器或频道，或者找回丢失的图像，重新展示过去的图像并进行修改或放大，或使用更新后的参数和功能。值得注意的是，/show 命令只适用于用户自己生成的图像。

当从图库下载图像时，job_id 是文件名的最后一部分。例如，在图像文件名 a_girl_uplight_a85de9c5-8f5a-4fce-81fe-b7689fbd4f70.png 中，加粗的部分就是 job_id。

输入 /show 命令后，接着输入 job_id，如图 2.67 所示，按 Enter 键，Midjourney 机器人将找回以前的图像，如图 2.68 所示。

图 2.67　输入 job_id

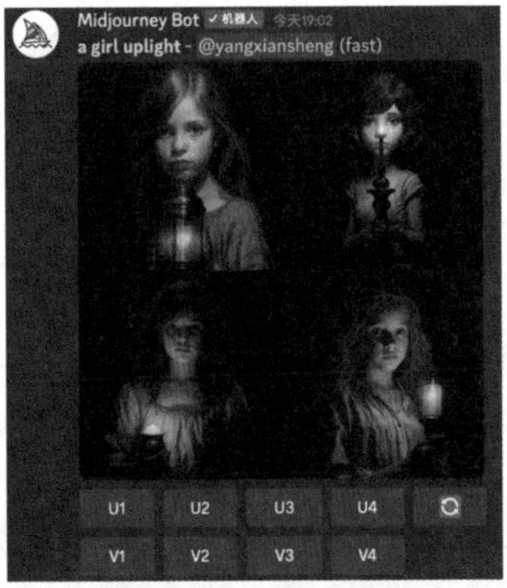

图 2.68　找回以前的图像

14. /fast 与 /relax

/fast 与 /relax 命令用于 Fast 模式和 Relax 模式之间的切换。只有当 Fast 模式还有剩余时间时，才能切换到此模式。

15. /stealth 与 /public

/public 与 /stealth 命令用于公开模式和隐身模式之间的切换。

2.6 常用参数

Midjourney 提供了众多的参数，这些参数可以添加到提示词的末尾，以改变图像的生成方式。可以通过设定不同的参数来调整图像的宽高比例、切换不同的模型版本、更改放大器设置等，从而定制出符合需求的图像。

扫一扫　看视频

参数格式： -- 参数名 1　参数值 1　-- 参数名 2　参数值 2

参数应该被添加到每个提示词的末尾，而且每个提示词可以携带多个参数。不同参数之间需要用空格分隔，参数名和参数值之间也需要用空格分隔。参数名前面的"--"可以被替换为破折号（——），如图 2.69 所示。

图 2.69　设置多个参数

基本参数及其用法见表 2.3。

表 2.3　基本参数及其用法

参数名	默认值	用　法
--aspect、--ar（宽高比）	1 : 1	--aspect<2 : 3、16 : 9、...> 或 --ar <2 : 3、16 : 9、...> 参数用于改变生成图像的宽高比。对于 V4 模型，可接受的值的范围是 1 : 2 到 2 : 1；对于 V5 模型，宽高比可以是任意值。需要注意的是，宽高比大于 2 : 1 的设定仍处于实验阶段，可能会产生无法预计的结果
--chaos、--c（混乱值）	0	--chaos<0 ~ 100> 或 --c 参数用来调整生成图像的多样性。数值越高，生成的图像会带有更多的创新元素和出人意料的效果

续表

参数名	默认值	用　法
--quality、--q（质量）	1	--quality<.25、.5、1、2> 或 --q<.25、.5、1、2> 设置愿意为渲染质量投入的时间。参数值越高，所需的成本就越高；参数值越低，所需的成本就越低
--seed、--sameseed（种子值）	随机	--seed<0 ~ 4294967295> 参数能让 Midjourney 机器人使用一个指定的种子值来创建一个视觉噪点画面，这个画面类似于电视信号被干扰时产生的雪花画面，它被用作生成初始图像网格的起点。种子值通常是随机生成的，但可以使用 --seed 或 --sameseed 参数来指定种子值。如果使用相同种子值和提示词，将会生成相似的图像
--stop（停止）	100	--stop<10 ~ 100> 参数在图像生成过程的某个阶段提前终止，通过提前终止图像生成以得到更加模糊和抽象的效果
--no（排除）		--no 参数用于指定在生成图像时需要排除的元素。例如，在提示词后面添加 --no plants，Midjourney 会尝试从生成的图像中排除植物元素
--tile（平铺）		--tile 参数用于生成可重复拼接的图像。这种图像特别适用于作为布料、壁纸和纹理的无缝拼接图案，可以创造出持久、均匀且连续的视觉效果
--video（视频）		--video 参数能够记录并保存正在生成的初始图像网格的进度视频。使用表情符号 ✉ 对生成完毕的图像网格进行反馈，将会让 Midjourney 将视频发送到私人消息中。注意，放大图像时，--video 参数无法使用
--repeat（重复）		--repeat<1 ~ 40> 或 --r<1 ~ 40> 参数允许用户根据单一的提示词创建多个图像生成任务，对于需要多次快速重新生成图像的情况，--repeat 参数非常实用
--stylize、--s（风格化）	100	--stylize<number> 或 --s<number> 参数用于调节 Midjourney 应用于图像的默认美学风格的强度
--creative（创造性）		--creative 参数结合 test 和 testp 模型使用，让创作更具多样性和创新性
--iw（图像权重）	0.25	--iw<0 ~ 2> 参数用于设置图像提示词相对于文本提示词的权重，调节图像和文字之间对图像影响的权重
--style（风格）	4c	--style<4a、4b、4c> 参数用于在 Midjourney 模型版本 V4 的不同版本之间进行切换，可根据需要选择不同的风格版本
--niji、--hd、--test、--testp、--version（模型版本）		--niji 是一种专门针对动漫风格图像的模型，通过使用该模型，可以生成具有动漫特色的图像； --hd 是一种可以生成更大、更不规则的图像的早期备选模型，特别适合于创建抽象和风景图像； --test 是 Midjourney 专用的测试模型，多用于内部测试和开发； --testp 是 Midjourney 专注于摄影风格的图像生成； --version<1、2、3、4、5> 或 --v<1、2、3、4、5> 参数用于指定使用哪个版本的 Midjourney 模型进行图像生成

续表

参数名	默认值	用　法
--uplight、 --upbeta、 --upanime （放大器）		--uplight（轻度放大器）参数会在单击 U 按钮时使用，使结果更接近原始网格图像，放大后的图像细节更少，更平滑； --upbeta（测试版放大器）参数会在单击 U 按钮时使用，使结果更接近原始网格图像，但放大后的图像增加的细节会更少； --upanime（替代放大器）参数会在单击 U 按钮时使用。这个放大器专为与 Niji 模型一起工作而创建，可以生成具有动漫特色的图像

　　表 2.3 中的某些参数适用于特定版本模型，而不是全部模型。有些参数可能适合新版模型，有些可能更适合旧版模型。此外，对于不同版本的模型，相同的参数可能需要设置不同的值。因此，在使用这些参数时，需要考虑到正在使用的模型版本，以确保设置正确并达到预期的效果。

　　模型版本和参数兼容性使用见表 2.4。

表 2.4　模型版本和参数兼容性

参　数	影响初始生成	影响变体和remix改稿	V5 模型	V4 模型	V3 模型	测试模型或测试 P 模型	Niji 动漫模型
Max Aspect Ratio（最大宽高比）	√	√	any	1：2 或 2：1	5：2 或 2：5	3：2 或 2：3	1：2 或 2：1
Chaos（混乱值）	√		√	√	√	√	√
Image Weight（图像权重）	√		5～2默认值为1		任意权重 默认值为25	√	
No（排除）	√	√	√	√	√	√	√
Quality（质量）	√		√	√	√	√	√
Seed（种子值）	√		√	√	√	√	√
Sameseed（相同种子值）	√				√		
Stop（停止生成）	√	√	√	√	√	√	√
Style（风格）				4a 和 4b			
Stylize（风格化）	√		0～1000默认值为100	0～1000默认值为100	625～60000默认值为2500	1250～5000默认值为2500	

续表

参　　数	影响初始生成	影响变体和 remix 改稿	V5 模型	V4 模型	V3 模型	测试模型或测试 P 模型	Niji 动漫模型
Tile（平铺纹理）	√	√	√		√		
Video（视频）	√				√		
Number of Grid Image（网格图像数）			4	4	4	2（长宽比不等于 1∶1 时为 1）	

下面将进一步探讨一些常用参数的具体用法，并借助一些具体的示例深入理解这些参数的功能和影响。通过深入了解这些常用参数，更高效地使用 Midjourney，优化其性能，并在可能的情况下，提高 AI 生成图像的效率。

1. --aspect 或 --ar 参数

--aspect 或 --ar 参数用于调整图像的宽高比，即图像的宽度与高度之间的比例。该比例通常由两个通过冒号分隔的整数来表示，如 7∶4 或 4∶3。

参数格式： --aspect< 整数 >:< 整数 > 或 --ar< 整数 >:< 整数 >

对于正方形图像，因为其宽度和高度相等，其宽高比可以表示为 1∶1。无论图像的尺寸是 1000px×1000px，还是 1500px×1500px，其宽高比都维持在 1∶1。此外，许多笔记本电脑屏幕的比例可能为 16∶10（而许多显示器的比例则为 16∶9），这表示宽度是高度的 1.6 倍。因此，对于这样的比例，图像的尺寸可以为 1600px×1000px、320px×200px 等。

以下是常见的 Midjourney 宽高比：

（1）--aspect 1∶1：默认的宽高比。

（2）--aspect 5∶4：常见的相框和印刷比例。

（3）--aspect 3∶2：平面摄影中比较常见的比例。

（4）--aspect 7∶4：靠近高清电视屏幕和智能手机屏幕的比例。

各种不同版本的 Midjourney 模型都设有自己的最大宽高比限制，见表 2.5。

表 2.5　模型与宽高比

模　型	比　例	模　型	比　例
V5 模型	任意宽高比	V3 模型	2∶5 到 5∶2
V4 模型	1∶2 到 2∶1	test/testp	2∶3 到 3∶2
4a 或 4b	只支持 1∶2、2∶3 或 3∶2	Niji 模型	1∶2 到 2∶1

V5 模型中大于 2：1 的宽高比是实验性的，可能会产生不可预测的结果。

需要注意的是，最终生成或放大的图像的宽高比可能会对用户设定的参数进行微调。例如，如果设定了 --ar 16：9 的参数（相当于比例为 1.78），实际生成图像的宽高比可能会是 7：4（相当于比例为 1.75）。在这种情况下，虽然最终的宽高比与预设的宽高比有微小的差距，但通常不会对图像质量或视觉效果产生重大影响。

图 2.70 所示是使用 V5.1 模型演示不同宽高比的图像效果。

Prompt : lotus --ar 2：3

Prompt : lotus --ar 3：4

Prompt : lotus --ar 1：1

提示词： 荷花

（a）宽高比为 2：3　　　　（b）宽高比为 3：4　　　　　　（c）宽高比为 1：1

图 2.70　不同宽高比的荷花

2. --chaos 或 --c 参数

--chaos 或 --c 参数主要影响生成初始图像网格的多样性。如果选择较低的 chaos 值，或者不指定该参数，生成的初始图像网格之间的变化通常较小，这时会发现它们在风格和形状上的差异并不明显。

然而，如果选择较高的 chaos 值，每次生成的初始图像网格就会显示出更多的变化和不可预测的结果。这意味着每一次输出都将带有独特和新颖的元素，以丰富图像的风格和形状。这是一种激发创新和探索新可能性的有效方法，但也需要投入更多的时间和精力去寻找满意的结果。

参数格式： --chaos< 数值 > 或 --c< 数值 >

chaos 值的取值范围是 0 ～ 100，默认值为 0。

图 2.71 所示是使用 V5.1 模型演示不同 chaos 值的图像效果。

Prompt：penguin

Prompt：penguin --c 50

Prompt：penguin --c 100

提示词：企鹅

（a）chaos 值为 0　　　　　（b）chaos 值为 50　　　　　（c）chaos 值为 100

图 2.71　不同 chaos 值的企鹅

3. --quality 或 --q 参数

--quality 或 --q 参数主要用于控制生成图像的时间。较高的 quality 值使处理和渲染的图像的细节更精细，相应地，也会增加生成图像的时间。这意味着图像生成过程中将占用更多的 GPU 计算资源，也会消耗更多的会员使用时间。--quality 参数仅影响初始图像生成的过程。

参数格式：--quality< 数值 > 或 --q< 数值 >

需要注意的是，较高的 quality 值设置并不总是导致更优的结果。有时，较低的 quality 值设置反而会带来更出色的效果，这依赖于用户想要创建的图像类型。

例如，对于倾向于简洁和抽象的画面，使用较低的 quality 值更为适宜，因为这些画面不需要过多的细节来强化视觉效果；而对于需要大量细节来增加立体感和视觉深度的图像，如建筑图像，较高的 quality 值会提升这些图像的视觉体验。

因此，选择 quality 值时不仅要权衡渲染时间和会员使用时间，而且要根据具体需求和图像的特性，选择最能优化图像效果的值。

图 2.72 所示是使用 V5.1 模型演示不同 quality 值的图像效果。

Prompt：woodcut birch forest --q .25

Prompt：woodcut birch forest --q .5

Prompt：woodcut birch forest --q 1

提示词：木刻白桦林

图 2.72　不同 quality 值的白桦林

4. --seed 或 --sameseed 参数

Midjourney 机器人使用特定的种子值生成视觉噪点画面，该画面类似于电视信号受干扰时的静态雪花效果，作为生成初始图像网格的基础。

参数格式：--seed< 种子值 > 或 --sameseed< 种子值 >

种子值通常随机生成，也可以通过 --seed 或 --sameseed 参数进行手动指定。相同的种子值和提示词将产生类似的图像。这意味着，若想再现特定的图像效果，或对某一已有图像进行进一步的修改和延展，可以通过指定相同的种子值和提示词来完成。

在实际应用中，--seed 参数的重要性不容忽视，它可以有效地保持一系列图像风格的一致性。在 V1、V2、V3、test 以及相同数值的 testp 模型中，通过使用 --seed 参数，可以创建具有相似构图、颜色和细节的图像，这对创建风格统一的系列海报等场景极其有用。

在 V4、V5 以及 Niji 模型中，指定相同的种子值会产生几乎完全相同的图像。这意味着，在这些版本中，可以通过在 Remix 模式下微调描述词，如将表情从伤心改为疑惑、添加黑色镜框、引入新的小元素和更换背景等，以产生微妙的图像变化。除了手动指定种子值，还可以使用系统自动生成的种子值。

例如，图 2.73 展示了自定义种子值产生的效果。使用 V5.1 模型，设置种子值为 19901110。可以看到，图 2.73（a）和图 2.73（b）几乎完全相同，而图 2.73（c）则是通过微调提示词（将人物情绪调整为快乐）产生的图像变化。

Prompt：a boy standing and holding soccer balls in his room, in the style of disney animation, face shot, photo-realistic drawings --seed 19901110

Prompt：a boy standing and holding soccer balls in his room, in the style of disney animation, face shot, photo-realistic drawings --seed 19901110

提示词：一个男孩手里拿着足球站在自己的房间里，迪斯尼动画风格，面部特写，照片逼真的绘画。

Prompt : a boy standing and holding soccer balls in his room, in the style of disney animation, face shot, smile, photo-realistic drawings --seed 19901110

提示词： 一个男孩手里拿着足球站在自己的房间里，迪士尼动画的风格，面部特写，微笑，照片逼真的绘画

（a）　　　　　　　（b）　　　　　　　（c）

图 2.73　相同 seed 值的小男孩

5. --stop 参数

--stop 参数用于对图像生成进度进行控制。它的原理是以较小的完成百分比提前终止图像生成，从而塑造出更为朦胧、缺乏细节的图像。

该参数在迅速预览生成结果，或者特别钟情于抽象和朦胧的艺术风格时可以发挥出巨大的作用。也就是说，如果创作并不依赖于过多的细节，或者创作偏向于模糊、梦幻的感觉，那么尝试使用 --stop 参数，并设定一个较小的完成百分比，就能将创作意图转化为真实的图像。

参数格式： --stop< 数值 >

尽管 --stop 参数在图像放大过程中并未直接改变生成流程，但使用此参数能塑造出一幅更加柔和、细节较少的初始图像。这无疑会如同微妙的笔触改变，影响最终放大结果中的图像细节。在这里，细微的变化就如同绘画大师轻轻调整的画笔，使整幅作品的风格产生巨大的变化。

图 2.74 所示是使用 V5.1 模型演示不同 stop 值的图像效果。

Prompt : The starry sky of the universe opens the door to time and space --seed 1110 --stop 30

Prompt : The starry sky of the universe opens the door to time and space --seed 1110 --stop 60

Prompt： The starry sky of the universe opens the door to time and space --seed 1110 --stop 100

提示词： 宇宙的星空打开了时空之门

（a）--stop 值为 30　　　　（b）--stop 值为 60　　　　（c）--stop 值为 100

图 2.74　不同 stop 值的宇宙星空图像效果

6. --no

--no 参数在生成的图像中会排除特定的元素，该参数特别适用于创作更加简洁、精练的图像。在进行 Logo 设计时，如果需要减少多余的视觉元素，也可用采用 --no 参数。例如，只需在提示词后面加上 --no plants，就会确保生成的图像中，任何角落都不会出现植物元素。

参数格式： --no <text>

接下来将通过 V5.1 模型来演示如何使用 --no 参数对图像效果产生影响。如图 2.75（a）所示，可以看到一个丰盛的水果拼盘，其中包含了苹果。在使用 --no 参数并指定苹果后，则会发现在原本丰富的水果拼盘中苹果的身影已经消失了，如图 2.75（b）所示。通过该例子，可以清晰地看到 --no 参数如何在图像生成过程中排除指定元素。

（a）不使用 no 值　　　　　　　　（b）使用 no 值

图 2.75　--no 参数使用效果对比

Prompt：Fruit platter, HD --seed 1112

提示词：水果拼盘，高清，种子值 1112

Prompt：Fruit platter, HD --seed 1112 --no apple

提示词：水果拼盘，高清，种子值 1112，没有苹果

7. --tile 参数

--tile 参数能够帮助生成可重复拼贴的图像，该图像极具应用价值，可以应用于陶瓷、布料、壁纸或者纹理的无缝贴图设计。借助于 --tile 参数的作用，生成的图像在水平和垂直方向上都能够完美拼贴在一起，形成无缝的整体效果。换句话说，可以将这样的图像复制并且反复拼接，不会出现任何明显的接缝或者断裂。

值得注意的是，--tile 参数只能在 Midjourney 的 V1、V2、V3 和 V5 模型中使用。

参数格式：--tile

图 2.76 所示是使用 V5.1 模型演示使用 tile 值的图像效果。图 2.76（a）所示是使用彩虹平铺的图像，图 2.76（b）所示是使用金字塔平铺的图像。

Prompt：rainbow, HD --tile

提示词：彩虹，高清

Prompt：pyramid, HD --tile

提示词：金字塔，高清

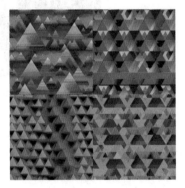

（a）使用彩虹平铺　　　　　　　　　　（b）使用金字塔平铺

图 2.76　使用 tile 值的图像效果

8. --video 参数

使用 --video 参数可以生成一段能够呈现初始图像网格创建过程的短视频。只需在完成的图像下回复信封 ✉ 表情符号（:envelope），Midjourney 机器人就会将视频链接通过私信的方式发送给用户。值得注意的是，--video 参数可以

在 V1 ~ V3、test 和 testp 模型中使用，但仅适用于图像网格生成阶段，对于放大器则不适用。

参数格式：--video

获取视频链接的步骤如下：

（1）在提示词末尾添加 --video 参数。

（2）当图像生成完毕后，选择"添加反应"选项。

（3）在选项中，选择并单击 ✉ 信封表情符号（:envelope ）。

（4）Midjourney 机器人就会将视频链接以私信的方式发送给用户。

（5）单击链接，即可在浏览器中观看生成图像过程的视频。如果想保存这段视频，可通过右击或长按视频后，选择"保存视频"。

图 2.77 展示了在 V3 模型中设置 video 参数后生成竹子图像过程的视频链接。

Prompt：Bamboo, HD --video

提示词：竹子，高清

图 2.77　生成竹子图像过程的视频链接

9. --repeat 参数

使用 Midjourney 进行图像生成的过程中，默认情况下，将得到一张由 4 个子图组成的图像。如果希望一次性探索更多的生成效果，则可以使用 --repeat 参数让 Midjourney 机器人一次性生成多个四宫格。通过将 --repeat 参数与其他参数（如 --chaos、--stylize ）结合使用，可以在同一时间内探索多种不同的生成效果。需要注意的是，--repeat 参数只能在 /fast 快速模式下使用。对于 Standard（中级）订阅会员，可以设置的 --repeat 任务数量为 2 ~ 10。而对于 Pro（高级）订阅会员，可以设置的 --repeat 任务数量为 2 ~ 40。

参数格式： --repeat ＜整数＞

图 2.78 所示是使用 V5.1 模型设置 --repeat 参数值后生成的 2 张老虎四宫格图像。由于同时设置了 --chaos 参数，因此这两张图像在构图、风格以及景深等方面存在明显的差异。

Prompt： a tiger in the jungle, stalking and hunting --c 50 --repeat 2
提示词： 丛林中的一只老虎，在跟踪和狩猎 --c 50 -- 重复 2

图 2.78　生成的 2 张老虎四宫格图像

10. --stylize 或 --s 参数

经过大量训练，Midjourney 机器人已经熟练掌握创造充满艺术感图像的技巧，这些图像在色彩搭配、构图布局以及形式表现上，都散发出令人难以抗拒的艺术魅力。--stylize 或 --s 参数用于控制这种训练效果的应用程度。设置较低的 stylize 值，生成的图像将会更精确地匹配提示词，但可能在艺术性上稍显不足；相反，如果设置较高的 stylize 值，生成的图像将会变得极具艺术风格，但这可能会影响图像与提示词的匹配程度。

参数格式： --stylize＜value＞ 或 --s＜value＞

不同的 Midjourney 模型具有不同的风格化值范围，具体见表 2.6。

表 2.6　不同版本模型的风格化值范围

stylize 值	V5 模型	V4 模型	V3 模型	test/testp 模型	Niji 模型
stylize 默认值	100	100	2500	2500	不可用
stylize 值区间	0 ~ 1000	0 ~ 1000	625 ~ 60000	1250 ~ 5000	不可用

以 V5.1 模型为例，设置不同的 stylize 值以生成不同的"龙虎斗"图像。如图 2.79 所示，随着 stylize 值的增大，图像的艺术表现力逐渐加强，但图像对于

原始提示词"龙虎斗"的逼真呈现有所减弱。

Prompt : In the metaverse, a dragon and a tiger are fighting --stylize 100

Prompt : In the metaverse, a dragon and a tiger are fighting --stylize 500

Prompt : In the metaverse, a dragon and a tiger are fighting --stylize 1000

提示词: 元宇宙中，龙虎斗

（a）stylize 值为 100　　　　（b）stylize 值为 500　　　　（c）stylize 值为 1000

图 2.79　不同的 stylize 值生成的"龙虎斗"图像

11. --creative 参数

该参数被设计来调整 test 和 testp 模型的表现力，使其输出的图像具有更高的变化性和创造性。

参数格式: --creative

使用 test 模型生成的美少女如图 2.80 所示。

Prompt : upclose portrait of a beautiful Edwardian woman,long wavy blonde hair pastel, beautiful big Pixar eyes,detailed portrait, romantic,lighting --test --creative

提示词: 一位美丽的爱德华时代女性的近景肖像，金色波浪长发粉彩，美丽的皮克斯大眼睛，详细的肖像，浪漫，灯光

图 2.80　使用 test 模型生成的美少女

12. --iw 参数

--iw 参数的作用是在新图像的生成过程中，权衡上传图像与文本提示词的影响力。提高 --iw 值，可以使上传的图像在生成新图像时具有更大的影响力。

参数格式： --iw< 参数值 >

图 2.81 所示为原图，使用 V5.1 模型并通过设置不同的 --iw 值以产生不同的生成效果，如图 2.82 和图 2.83 所示。当将 --iw 值设置为 2 时，生成的图像与原图更为接近；当将 --iw 值设置为 0.25 时，生成的图像与原图的差异更大。

图 2.81　原图

图 2.82　当 iw 值为 2 时生成的图像

Prompt： https://cdn.discordapp.com/attachments/111436253821429 7730/1115683017982218290/girl-iw. png a cute girl sitting in a fantasy world --iw 2

Prompt： https://cdn.discordapp.com/attachments/1114362538214 297730/1115683017982218290/girl-iw. png a cute girl sitting in a fantasy world --iw 0.25

提示词： 坐在幻想世界里的可爱女孩

图 2.83　当 iw 值为 0.25 时生成的图像

前面内容已经对其他参数，如 --style 参数、模型版本参数和放大器参数等进行了详细的阐述，这里就不再赘述。所有这些参数共同影响和塑造了图像生成的最终效果。

13. 参数组合使用

Midjourney 的各项参数既可以独立使用，又可以组合使用以获得更精细、更个性化的图像效果。在组合使用时，只需在各个参数之间添加空格，根据需求灵活地调整各个参数，从而得到更为满意的图像。

例如，如果想生成一张莫西干公主图像，则设置参数为宽高比为 9：16，高质量（quality = 1）、低混乱值（chaos = 10）、种子值为 9999 即可。其提示词如下，生成的图像效果如图 2.84 所示。

Prompt : Mahican princess with her gold armor and swords, in the style of rendered in cinema4d, jungle core, meticulous military scenes, byzantine-inspired, dynamic and action-packed scenes, germanic art --ar 9 ： 16 --quality 1 --chaos 10 --seed 9999

提示词： 莫西干公主带着她的金盔甲和剑，以电影 4d 中的渲染风格，丛林，岩石，细致的军事场景，拜占庭风格，充满活力和动作的场景，德国艺术 -- 宽高比 9：16 -- 质量 1 -- 混乱 10 -- 种子值 9999

图 2.84　组合使用参数生成的莫西干公主图像

2.7 以图生图

Midjourney 不仅能根据提示词和参数生成充满创意的视觉作品，而且具备以图生图的能力，即通过输入图片作为灵感源进行图像创作。本节将介绍如何运用 Midjourney 进行以图生图的操作，同时讲解如何结合使用不同的文本提示词，包括风格、结构和颜色等，设置不同的参数以创造新颖独特的图像。

扫一扫　看视频

1. 使用 /blend 命令以图生图

/blend 命令是 Midjourney 提供的一项独特功能，用于混合多张图像。如果遇到了一张喜欢的图像，却无法找到恰当的提示词来描述它，则使用 /blend 命令。该命令允许上传 2～5 张图像，然后查看每张图像的概念和美学，并将它们合并成一张新颖的新图像。

/blend 命令最多可以处理 5 张图像。如果需要在提示词中使用超过 5 张的图像，则使用 /imagine 命令。值得注意的是，/blend 命令不适用于处理文本提示词。如果需要同时处理文本和图像提示词，则使用 /imagine 命令。

使用步骤如下：

（1）输入 /blend 命令后，系统会提示添加 2 张图像。如图 2.85 所示。如果需要添加更多图像，单击指令框上方的增加图像按钮，并选择 image3、image4 或 image5，如图 2.86 所示。

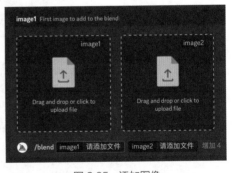

图 2.85　添加图像

图 2.86　添加更多图像

（2）上传图像。单击上传图像按钮，选择图像进行上传，如图 2.87 所示。

图 2.87 选择图像上传

（3）设置融合宽高比参数。融合生成图像的默认宽高比为 1 ∶ 1，可以使用 dimensions 字段进行设置，再从 square（1 ∶ 1）、纵横比 portrait（2 ∶ 3）或纵横比 landscape（3 ∶ 2）之间进行选择。

（4）设置完宽高比后，按 Enter 键即可生成混合图像，如图 2.88 所示。

图 2.88 混合图像

2. 使用 /imagine 命令以图生图

使用 /imagine 命令也可以完成以图生图任务，并且方式更灵活。

提示词由 3 部分组成，分别是图像提示词、文本提示词和参数，如图 2.89 所示，其中图像提示词和参数都是可选项，文本提示词是必选项。图像提示词是指向在线图像的直接链接，可以为多个，但要置于整个关键词的最前面。

下面举例说明如何使用 /imagine 命令完成以图生图任务。

图 2.89　imagine 命令输入提示词

（1）图 + 文生成新图。例如，笔者把自己中学时代的照片（图 2.90）上传到 Midjourney 后，选取自己中学时代照片链接 +cyberpunk style 组成的提示词。

Prompt：https://cdn.discordapp.com/attachments/112359519278465
8492/1124684263548276768/2cb6abe7f010467d.png cyberpunk style

图 2.90　笔者中学时代的照片

上述提示词分为两部分，前半部分是图像提示词，后半部分面是文本提示词，意思为赛博朋克风格，输入提示词后输出的图像如图 2.91 所示。

图 2.91　赛博朋克风格的笔者

（2）图+图生成新图。图像提示既可以和文本提示词联合使用，又能够独立运用。试着将不同风格的图像融合在一起，或许能得到意想不到的创新画作。

例如，将图 2.92 所示的猛虎图和闪电图组合在一起。

图 2.92　猛虎与闪电

Prompt : https://p9.toutiaoimg.com/origin/pgc-image/f92feb99b0a24a95960adb77c72a9589

https://up.enterdesk.com/photo/2008-4-23/200804230158087836.jpg

将上面提示词输入 Midjourney 后，两张图像合成后的效果如图 2.93 所示。

图 2.93　猛虎与闪电合成图

（3）**使用本地图像生成新图。**可以使用 Midjourney 平台上或者其他平台上的图像进行创作，也可以上传并使用本地图像，并结合 Midjourney 的智能生成功能打造出独特且新颖的创作图像。

利用本地图像生成新图像的步骤如下。

1）上传图像。单击消息输入框旁的"+"按钮，选择"上传文件"（图 2.94），找到要上传的图像文件，按 Enter 键进行图像上传。

图 2.94　上传图像

2）复制图像链接。将图像拖放到提示词框内，或者在浏览器中打开图像，将链接粘贴到提示词框中，再添加文本提示词和参数，如图 2.95 所示。

Prompt：https://cdn.discordapp.com/attachments/111436253821429
7730/1115846015124246609/86ce2050c6465dd8.png hd --iw 1

图 2.95　复制图像链接

3）按 Enter 键，生成新图像。如图 2.96 所示。

这里再举一个例子。以图 2.97 所示的新娘原图为基础图，设计一个戴着皇冠的新娘图像。

图 2.96　生成的新图像　　　　　　　图 2.97　原图

1）将原图上传到 Discord，复制图像链接并粘贴到输入框中。

2）添加新的文本提示词 Wearing a golden crown（戴着金色皇冠）。

3）按 Enter 键提交提示词，生成的新图像如图 2.98 所示。

Prompt： https://cdn.discordapp.com/attachments/11143625382142
97730/1115863381937754152/f2da2637d8664990.png Wearing a golden
crown

图 2.98　戴着金色皇冠的新娘

3. 使用 --cref 保持角色一致性

Midjourney 在 2024 年 3 月份推出了一项强大的新功能，通过使用 --cref 和 --cw 参数，设计用于在不同图像之间保持角色一致性。这项技术特别适合于那些需要在不同场景或设置中一致展现角色的创作者，如图形小说、游戏或任何需要连贯角色表现的创意项目。

该参数只适用于 V6 和 Niji V6 模型。

（1）**基础使用方法。** 使用公式如下：

提示词 --cref 图片 URL --cw 数值（0-100）

在提示后，通过添加参数 --cref 并输入角色图像的 URL 地址，然后利用 --cw 来调整角色的一致性强度。当设定 --cw 为 100（默认设置）时，系统将尽可能地保持角色的脸部、头发和衣物特征的一致性；而将强度调至 0（--cw 0）时，则主要关注脸部特征，这一设置非常适合在不改变角色基本面貌的前提下，对服装或头发样式进行更换。

以下面城市时尚女孩为例，演示其基本用法，效果如图 2.99 所示。

Prompt： Street fashion photo, vibrant city murals as a backdrop, a young beautiful Korean model in sleek modern wear, candid pose

提示词： 街头时尚照片，以充满活力的城市壁画为背景，年轻漂亮的韩国模特穿着时髦的现代服装，摆出坦率的姿势

图 2.99　城市时尚女孩

城市时尚女孩 URL：https://s.mj.run/2HKJQUmdfYU

使用参数 --cref 生成同样人物，如图 2.100 所示。

Prompt：a young beautiful Korean model, jumping,wearing white skirt under cherryblossom tree --cref https://s.mj.run/2HKJQUmdfYU --cw 100

Prompt：a young beautiful Korean model, jumping, wearing white skirt under cherryblossom tree --cref https://s.mj.run/2HKJQUmdfYU --cw 0

提示词：一位年轻漂亮的韩国模特，在樱花树下跳着，穿着白色裙子

（a）cw 0　　　　　　　　　　　（b）cw 100

图 2.100　城市时尚女孩

（2）锚定角色重要信息。可以通过详细描述角色的姿势、表情、情绪、服装、道具、场景以及动作来锚定关键细节，这样就能够控制这些元素，让 --cref 参数承担大量创作工作。或者也可以选择仅指定角色所处的场景，让 --cref 参数完成所有创作。这种方式提供了创作的灵活性，既可以精细控制角色的各个方面，也可以大范围地依赖 AI 的创意完成作品，如图 2.101 所示。

Prompt：A English beauty is sitting on the sofa drinking coffee, she has an attractive figure with her slender waist, beautiful slender eyes, red lips, fair skin tone, the expression on the face is cold and proud, dressed in a neutral-style suit, and wearing conspicuous necklaces, rings, and earrings, with brown short hair and blue eyes

提示词：一位英国美女正坐在沙发上喝咖啡，纤细的腰肢勾勒出迷人的身材，美丽细长的眼睛，红润的嘴唇，白皙的肤色，脸上的表情冷漠而高傲，身着中性风格的套装，佩戴着显眼的项链、戒指和耳环，棕色短发，蓝色眼睛。

英国美女 URL：https://s.mj.run/JD8b42RuMdE

以上关键词里面几乎都是可以锚定的细节，可以把这些细节都进行更改，如图 2.102 所示。

Prompt：A English beauty is sitting on the beach, she has an attractive figure with her slender waist, beautiful slender eyes, red lips, fair skin tone, the expression on your face is gentle and bright, dressed in a green suit skirt, and wearing pearl necklace, rings, and earrings, with brown long hair and green eyes --cref https://s.mj.run/JD8b42RuMdE --cw 0

提示词：沙滩上坐着一位英国美女，她拥有迷人的身材和纤细的腰肢，美丽细长的眼睛，红润的嘴唇，白皙的肤色，脸上的表情温柔而明媚，身着绿色套装裙，佩戴珍珠项链、戒指和耳环，棕色长发，绿色眼睛。

图 2.101　沙发上英国美女

图 2.102　沙滩上英国美女

（3）**使用多个 URL 来混合多张图片中的信息 / 字符。**可以将多个 URL 结合使用，以便在创作中融合来自多张图片的信息和角色特征。通过使用 --cref URL1 URL2 的格式，这等同于同时引用多个图片或样式作为创作提示，从而丰富和深化创作内容。

例如，将图 2.103 所示的法国帅哥与图 2.102 所示的英国美女合并到同一张图像中，如图 2.104 所示。

Prompt：A handsome French man, wearing a black suit and a red bow tie, is sitting on the sofa.

提示词：一位法国帅哥，黑色西装，红色领结，坐在沙发上。

法国帅哥图像 URL：https://s.mj.run/CZkBXfUmEB8

Prompt : A beautiful brunette women and a handsome man are in a restaurant --cref https://s.mj.run/JD8b42RuMdE https://s.mj.run/CZkBXfUmEB8

提示词: 一个漂亮的深色头发的女人和一个英俊的男人在餐馆里

图 2.103　法国帅哥　　　　　图 2.104　英国美女与法国帅哥在餐馆

4. 使用 --sref 保持风格一致性

--sref 功能被称为"风格参考"（Style References），它允许用户通过提供一张或多张图片的链接 URL，来定义希望作品中呈现的一致风格。这些图片链接作为风格的参考，帮助引导创作过程，确保生成的图像遵循用户指定的风格方向。这一机制与参数 cref 有相似之处，不过其重点在于帮助捕捉并应用特定的艺术风格，而非仅仅是内容的复现或模仿。适用于 V6 和 Niji V6。

语法: 提示词 --sref urlA urlB urlC --sw 数值（0-1000）

如果单独图片权重调整方法，在图片 url 后加 :: 数字，如: --sref urlA::2 urlB::3 urlC::5，如果要调整整体风格化强度，使用 --sw 参数，--sw 指的是整体风格的强度，默认为 100，关闭为 0，最 1000。

图 2.105 是使用 Midjourney V6 绘制的一只可爱的中国龙。

中国龙图像 URL : https://s.mj.run/poXMGb5x3tM

Prompt : a cute Chinese dragon

提示词: 一只可爱的中国龙

图 2.106 是使用 --sref 参数生成类似风格的生肖马图像，保持画风的一致性。

Prompt : a cute horse --sref https://s.mj.run/poXMGb5x3tM 提示词：
可爱的马

图 2.105　可爱的中国龙

图 2.106　生肖马

第 3 章
提示词

■ 本章要点

　　Midjourney 是一款将文本的含义转化为生动图像的 AI 应用
程序。这些文本称为提示词（Prompt）。Midjourney 绘画的秘诀
在于如何撰写提示词，提示词可以是关键词组合，也可以是一
句话的描述。Midjourney 将这些提示词细化为更小的单元，这
些单元被称作"标记"，并基于这些标记和训练数据生成图像。
通过精心选择和组织提示词，可以绘制出既独特又富有吸引力
的图像。

3.1 提示词结构

1. 基础提示词

基础提示词可以是单个词汇、简洁短语（图 3.1），也可以是表情符号，甚至是复杂的句子描述。例如，单个词汇或表情符号，便能引导生成图像如图 3.2 和图 3.3 所示。注意，如果提示词过于简单，生成的图像在很大程度上受到 Midjourney

默认风格的影响。因此，描述性更为具体的提示词能够生成想要的图像效果。然而，过度详细的提示词并不一定能带来更优的结果，最佳实践是将提示词集中于想要塑造的主题上。另外，提示词越靠前，对生成的图片影响就越大。

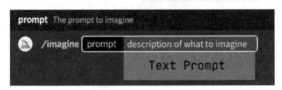

图 3.1 基础提示词

Prompt : wood cat
提示词: 木头猫

图 3.2 木头猫

Prompt：

提示词: 熊和火箭的 emoji 表情

图 3.3　emoji 表情里的熊和火箭

2. 高级提示词

更复杂或更高级的提示词可能包含一个或多个图像的 URL、一系列文本短语以及一项或多项参数。这种格式主要由 3 部分构成，分别为图像提示词、文本提示词和参数，如图 3.4 所示。其中，图像提示词和参数部分是可选的。

图 3.4　高级提示词格式

（1）**图像提示词**（Image Prompt）。图像提示词就是图像的链接，通过在提示词中添加图像 URL，可以影响生成图像的样式和内容。图像提示词总是放置在提示词开头。图片格式为 .png、.gif、.webp、.jpg 或 .jpeg。

（2）**文本提示词**（Text Prompt）。文本提示词是对要生成的图像的描述。精心设计的文本提示词有助于创造出令人震撼的图像。文本提示词位于提示词的中部，需要用空格与图像提示词和参数隔开。

（3）**参数**（Parameters）。参数是一种强大的工具，它可以改变图像生成的方式。通过设定不同的参数来调整和控制生成的图像，如设定图像的宽

高比、选择放大器、设置风格和设定图像质量等。参数总是放置在提示词的
最后部分。

以图 3.5 中的科幻女孩为例，在生成图像时进行了一些微妙的调整。例如，
在女孩的额头上添加了一个金色的五角星图案。同时，为满足特定的视觉效果，
又调整了图像的宽高比，设定为 3 ∶ 5。下文提供的提示词就是一个完整的高级
提示词，它包含了图像提示词、文本提示词和参数。进行这些调整之后，得到了
一张全新的图像，如图 3.6 所示。

图 3.5　科幻女孩　　　　图 3.6　额头戴有五角星的科幻女孩

Prompt：https://cdn.discordapp.com/attachments/111586104960275
6679/1115911967429890149/696335b148aa547a.png a golden five-star
on forehead --ar 3 ∶ 5

提示词：五角星在额头上

3.2　文本提示词

在图像生成过程中，通常会提供一些文本提示词来指导
Midjourney 机器人的输出。文本提示词的质量和准确性对最终
生成的图像有着直接的影响。因此，精心构建的提示词是获取理
想图像的关键。文本提示词不仅明确指示了希望在图像中展示的
元素，还可以表达出对图像风格的期待。通过精准且富有创意的提示词，可以引

扫一扫　看视频

导 Midjourney 生成符合特定需求和个人喜好的视觉作品。本节将详细介绍文本提示词。

1. 语法

Midjourney 机器人对语法的理解相当有限，即使提示词中的语法有错误，只要关键词正确，也能够成功生成图片。由于 Midjourney 机器人对语法理解的局限，输入的提示词并不需要太长。特别是对于各类定语从句，Midjourney 可能无法理解其含义，因此建议逐个输入关键词并用逗号分隔。以下是一些官方推荐的语法：

（1）使用形容词 + 名词的词序替换介词短语。例如，应将 "hair flowing in the wind" 改为 "flowing hair"，将 "a carrot for a nose" 改为 "carrot nose"。

（2）使用具体的动词替换介词短语。例如，应将 "a girl with a flashlight" 改为 "a girl using a flashlight"，将 "a girl with a big smile on her face" 改为 "smiling girl"。

注意： Midjourney 机器人在处理输入时并不区分字母大小写，因此无论使用的是大写字母还是小写字母，都不会对生成结果产生影响。

2. 撰写原则

撰写文字提示词的总原则：完整具体、简洁明晰。

（1）**完整具体。** 如果提示词不够详尽或具体，Midjourney 机器人会依据其默认样式进行图像生成，这会带来一些出乎意料的结果。例如，如果仅仅提供了"狗"作为提示词，而没有给出具体的描述，那么 Midjourney 会生成任何形式的狗，通常是一只成年狗的图像；如果有特定的需求，建议更明确地给出提示词，如"两只哈士奇狗"。

有时，Midjourney 机器人在处理数量上不够精准，这就需要用更具体的表达方式进行描述。例如，如果提示词是"三只袋鼠"，则会生成一群袋鼠的图像，如图 3.7 所示；如果希望更准确地生成三只袋鼠的图像，则应将提示词改为"一只母袋鼠和两只小袋鼠"，如图 3.8 所示。

图 3.7　三只袋鼠

Prompt： three kangaroos

提示词： 三只袋鼠

Prompt：one mother kangaroo and two young kangaroos
提示词：一只母袋鼠和两只小袋鼠

图 3.8　一只母袋鼠和两只小袋鼠

（2）**简洁明晰。**Midjourney 机器人无法像人类一样理解语法、句子结构和词语含义。因此，选择提示词显得非常重要。保持提示词简洁的同时，应明确地描述希望看到的内容。在撰写提示词时，应该专注于描绘我们想要的，而非不希望出现的。如果不想某些元素出现在图像中，可以尝试使用 --no 参数。

例如，提示词"动物大会，没有狮子"生成的图像很可能仍然包含狮子，如图 3.9 所示。如果想去掉狮子，应该使用 --no 参数，如图 3.10 所示。

Prompt：animal assembly, --no Lions
提示词：动物大会，没有狮子

图 3.9　动物大会

Prompt： animal assembly --no lion

提示词： 动物大会，没有狮子

图 3.10　没有狮子的动物大会

注意：

（1）可以使用逗号、括号和连字符等标点符号帮助组织提示词，但要注意 Midjourney 机器人并不会完全准确地理解这些内容。

（2）输入提示词时，Midjourney 机器人不区分字母大小写，并且可以使用逗号、括号和连字符等标点符号，如图 3.11 所示。然而，尽量避免使用大括号"{}"，因为 Midjourney 机器人对这一符号有特殊的解读方式。

Prompt： a pair of young Chinese lovers, wearing jackets and jeans, sitting on the roof, the background is Beijing in the 1990s, and the opposite building can be seen

提示词： 一对年轻的中国情侣，穿着夹克和牛仔裤，坐在屋顶上，背景是 20 世纪 90 年代的北京，可以看到对面的建筑

图 3.11　一对中国情侣坐在屋顶上

3. 文本提示词万能模板

在艺术创作中，内容、构成与风格是 3 个关键要素，它们共同塑造了艺术作品的基本结构。内容涵盖了艺术作品希望传递的主题或信息；构成关乎艺术元素的排列和组织方式，它们相互协作以形成完整的艺术表达；风格则是艺术创作中的个性化表现，包含但不限于创作技巧、材料选择、制作方法以及艺术载体的选择等因素。

根据这 3 个要素，为编写出更精准的文本提示词，可参考以下万能模板：

内容 + 构成 + 风格

（1）**内容**：主要阐述画面描绘的主题，包括主要元素（如人物、动物、物品等）、环境设定（如地点、背景）以及情感气氛（如悲伤、平静、欢乐等）。

（2）**构成**：涉及构图、照明、视角、色调、色彩等元素。

1）构图是决定画面布局和主体排列的关键因素，好的构图能引导观众的视线，强化作品的主题。

2）照明的处理不仅影响作品的视觉效果，也能强化或弱化主题，适当的照明可以增加深度和立体感，强化作品的情感。

3）视角的选择直接影响作品的表达效果和视觉感受，不同的视角能带来不同的观察方式，从而产生不同的视觉冲击力。

4）色调是指画面的整体颜色范围，它能创造出特定的气氛，引导观众的情绪，也能突出作品的主题。

5）色彩的运用是艺术创作中的重要部分，通过精心搭配和运用色彩可以创造出丰富的视觉效果，同时传达出特定的情绪和信息。

（3）**风格**：包括艺术形式、细节处理、历史风格等。

1）艺术形式反映了艺术创作的多样性和创新性，可以是绘画、雕塑、摄影，甚至是数字艺术等。选择合适的艺术形式能更好地表达创作者的艺术思想和感情，同时也会对作品的视觉效果产生重大影响。

2）细节处理是艺术创作中的重要组成部分，包括微妙的笔触、光线处理、色彩搭配等。精巧的细节处理能提升作品的立体感和生动性，让观众深入体验到艺术作品的魅力。

3）历史风格是指作品体现出的特定时期的艺术风格或流派，如文艺复兴、浪漫主义、现代主义等。理解并运用特定的历史风格能为作品带来丰富的历史文化内涵，同时也展现了艺术家的学术素养和艺术视野。

在许多方面，内容、构成和风格是相互关联的，并且彼此相互影响。内容可以启发构成，而构成又影响风格。同样，风格通常用来增强或强化艺术的内容和构成。为了创造艺术佳作，用户必须仔细考虑这 3 个要素以及它们彼此之间的相互作用。

注意： 在编写提示词时，严格按照上述顺序——内容、构成、风格——来进行。正确的顺序显得尤为关键，因为排在前面的提示词会在生成图像的最终效果上起到更大的作用。

4. 内容提示词的范例

（1）**主体。** 例如，可以使用以下描述来描绘主体内容：A young woman in a delicate dress, her long hair gently fluttering. 一个穿着精致连衣裙，长发轻轻飘动的年轻女子。这种具体而生动的描述能够帮助 Midjourney 更好地理解和想象画面的主体，从而生成更有表达力和感染力的艺术作品。

（2）**环境。** 例如，beach（海滩）、bay（海湾）、cliff（悬崖）、estuary（河口）、delta（三角洲）、fjord（峡湾）、underwater（水下）、waterfall（瀑布）、wetland（湿地）、salt lake（盐湖）、oasis（绿洲）、jungle（丛林）、savanna（热带草原）、steppe（草原）、dune（沙丘）、desert（沙漠）、tundra（苔原），hill（山丘）、mountain（山）、cave（洞穴）、volcano（火山）、cloud forest（云雾森林）、indoors（室内）、outdoors（户外）、on the moon（月球上）、in Narnia（在纳尼亚）、the Emerald City（翡翠城）等。该顺序基于自然属性从海洋到陆地，再到山区、森林、室内和室外，最后是奇幻或虚构的地点。例如，on the beach at sunset（在夕阳下的海滩）。

（3）**情绪。** 例如，sleepy（昏昏欲睡的）、calm（平静）、sedate（稳重）、shy（害羞的）、embarrassed（尴尬的）、happy（欢乐的）、determined（坚定的）、energetic（精力充沛的）、raucous（喧闹的）、angry（愤怒的）等。该顺序基于情绪的强度从昏昏欲睡（较弱）到愤怒（较强）。如果内容涉及人物或动物，这些元素将不仅仅体现在表情上，还将被融入整体画面，以提升整体的艺术效果。

5. 构成提示词的范例

（1）**构图。** 例如，still life shot（静物照）、landscape shot（风景照）、full body shot（全身照）、three-quarter shot（三分之二侧身照）、half-body portrait（半身像）、profile shot（侧面照）、portrait（肖像画）、headshot（头像）、closeup（特写）、action shot（动作照）等。该顺序基于拍摄内容从静物、风景到人像，以及在人像中从全身到特写的角度进行排序。

（2）**视角。** 例如，birds-eye view（鸟瞰图）、top View（俯视图）、pOV（摄

像机视角)、perspective (透视图)、horizontal angle (水平角度)、front view (前视图)、side view (侧视图)、back view (背视图)、bottom view (仰视图) 等。该顺序基于拍摄视角从高 (鸟瞰图) 到低 (仰视图)，以及在同一水平线上从正面到背面的视角进行排序。

（3）照明。例如，ambient (环境光)、overcast (阴天的)、soft (柔和的)、in the style of soft (柔和的风格)、studio lights (工作室灯)、neon (霓虹灯) 等。该顺序基于光线的来源从自然 (环境光) 到人工 (霓虹灯)，以及光线的强度从低 (柔和的) 到高 (霓虹灯) 进行排序。

（4）色调。例如，black and white (黑白的)、monochromatic (单色的)、pastel (淡彩的)、muted (静柔暗淡的)、bright (明亮的)、colorful (多彩的)、vibrant (鲜艳的) 等。该顺序基于色彩的饱和度从低 (黑白的) 到高 (鲜艳的)，以及色彩的数量从单一 (单色的) 到多元 (多彩的) 进行排序。

（5）色彩。例如，desaturated (去饱和度的)、pastel (粉彩)、green tinted (绿调染色)、acid green (酸性绿)、millennial pink (千禧粉)、canary yellow (淡黄色)、peach (桃红色)、mauve (淡紫色)、two toned (双色调)、neutral (中性色)、light bronze and amber (浅青铜和琥珀色)、Day Glo (戴格洛)、ebony (乌木色) 等。该顺序基于颜色的饱和度从低 (去饱和度的) 到高 (乌木色)，以及色调从冷 (绿调染色) 到暖 (浅青铜和琥珀色) 进行排序。

6. 风格提示词的范例

（1）艺术形式（Medium）。例如，doodle (涂鸦)、graffiti (涂鸦)、pencil sketch (铅笔素描)、watercolor (水彩画)、block print (版画)、painting (绘画)、photo (照片)、illustration (插图)、pixel art (像素画)、folk art (民间艺术)、paint-by-numbers (数字画)、cyanotype (蓝版)、isograph (等线图)、ukiyo-e (浮世绘)、blacklight painting (黑光绘图)、cross-stitch (十字绣)、tapestry (挂毯)、sculpture (雕塑) 等。该顺序基于艺术形式的复杂度从低 (涂鸦) 到高 (雕塑)，以及艺术形式的现代性从传统 (铅笔素描) 到现代 (像素画) 进行排序。

（2）技巧手法（Techniqaues）。例如，continuous line (连续线条画)、blind contour (盲画)、loose gestural (速写)、life drawing (写生)、value study (明暗画法)、charcoal sketch (炭笔素描) 等。该顺序基于绘画技术的复杂度从低 (连续线条画) 到高 (炭笔素描) 进行排序。可以对

艺术形式作为补充，也可以单独使用。

（3）年代（Decade）。例如，1700s、1800s、1900s、1910s、1920s、1930s、1940s、1950s、1960s、1970s、1980s、1990s 等。添加年代元素可以强化画风。

当然，风格提示词并不局限于前述的词汇和表述方式。在接下来的内容中，还将更深入地进行实例分析，探索更多丰富多样的风格提示词。这些词汇将帮助我们编写出更富有个性化的提示词，使生成的艺术作品更加鲜活且充满趣味性。

7. 示例

（1）只描述内容。在图 3.12 中，只提供了内容的提示词，并未明确指定与构成相关的元素，因此图片的构图和视角完全由系统随机决定。此外，尽管照明、色调和色彩都是随机选取的，由于提供了"夕阳下的盐湖"这样的提示词，生成的效果相对接近预期的景象。图像展示了鲜明的绘图元素，看起来像是照片与绘图的完美融合。由于没有给出具体的风格提示词，因此所有生成的结果都是基于默认模型随机产生的。

Prompt：a pretty young woman in a red dress,on the salt lake at sunset, shy --v 5.1

提示词：一个穿红色裙子的漂亮年轻女人，在夕阳下的盐湖上，害羞的

图 3.12　盐湖上的美女

（2）描述内容和构成。在上一个提示词的基础上，加入构成，调整提示词的

内容如下，生成的图像如图 3.13 所示。

图 3.13　盐湖上的美女俯视图

Prompt： a pretty young woman in a red dress,on the salt lake at sunset, shy, three-quarter shot, top view, soft, bright, light bronze and amber --v 5.1

提示词： 一个穿红色裙子的漂亮年轻女人，在夕阳下的盐湖上，害羞的，三分之二侧身照，俯视，柔和的，明亮的，浅青铜和琥珀色

从图中可以看出，图片的构图已经转变为侧身照占三分之二的比例，并带有俯视效果。光线比之前更为柔和，夕阳更为明亮，整体色调偏向青铜和琥珀色。由于照片是逆光拍摄的，因此加入了 bright 这个词，这主要影响画面中最亮的部分——夕阳。青铜和琥珀色主要影响到人物的肤色。由于侧身照的构图主要用于人像摄影，背景也因此产生模糊的大光圈效果，而俯视效果则因侧身照的构图而显得不那么突出。相较于之前的图片，这些改变带来的效果十分明显。

（3）**尝试不同的风格。** 继续调整提示词，添加风格提示词：Ukiyo-e（浮世绘），效果如图 3.14 所示。

Prompt： a pretty young woman in a red dress, on the salt lake at sunset, shy, three-quarter shot, top view, soft, bright, light bronze and amber, Ukiyo-e --v 5.1

提示词： 一个穿红色裙子的漂亮年轻女人，在夕阳下的盐湖上，害羞的，三

分之二侧身照，俯视，柔和的，明亮的，浅青铜和琥珀色，浮世绘

图 3.14　盐湖上的美女浮世绘

继续调整，更换风格提示词：Watercolor（水彩画），效果图如图 3.15 所示。

Prompt：a pretty young woman in a red dress, on the salt lake at sunset, shy, three-quarter shot, top view, soft, bright, light bronze and amber, Watercolor --v 5.1

提示词：一个穿红色裙子的漂亮年轻女人，在夕阳下的盐湖上，害羞的，三分之二侧身照，俯视，柔和的，明亮的，浅青铜和琥珀色，水彩画

图 3.15　盐湖上的美女水彩画

图片风格进行转变，画风也会发生显著变化。艺术形式的提示词在定义画风时影响力最大，这也是构建风格最直接的方式。

（4）违禁内容和行为。 Midjourney 是一个开放社区，坚决维护 PG-13（特别辅导）级别的内容规范，具体如下：

1）禁止使用侮辱、攻击性或其他贬低他人的图像和文本提示词。

2）禁止任何成人内容、血腥画面或者任何能引发视觉不适的内容。为此，平台会自动过滤一些敏感词汇。

3）在未经他人明确授权的情况下，切勿公开转载他人的作品。

4）分享请慎重。可以自由分享用户自己的创作，但同时也要考虑其他人可能对其作品的看法。

5）任何违反上述规则的行为，都可能导致相关账号被禁用。

注意： 这些规定适用于所有内容和所有场景，包括在私人频道使用私人模式制作的图片。

3.3　组合多提示词

编写文本提示词时，可以使用双冒号（::）（称为域运算符）来将不同的独立概念分隔开来，从而让 Midjourney 机器人对其进行逐个处理。这种分隔符的使用使用户能够根据需要调整提示词各部分的重要性，从而实现更好的效果。

扫一扫　看视频

1. 组合提示词基础

在提示词中使用 "::"，使 Midjourney 机器人对提示词的各个部分进行独立处理。

注意： "::" 之间不应有空格。组合提示词适用于当前所有模型版本，并且任何参数仍可以添加到提示词的末尾。

例如，将 hot dog（热狗）作为一个整体的提示词输入时，Midjourney 机器人会以整体的方式理解这个词组，并根据此提示词生成一张美味热狗的图像，如图 3.16 所示。但是，如果使用 "::" 将提示词分隔为两个部分，如 "hot::dog"，此时 Midjourney 机器人会分别理解这两个部分，即"热，狗"并创作出一只处于高温环境中的狗的图像，如图 3.17 所示。这充分说明了 "::"

起到的关键性分隔作用，从而更精确地控制生成的图像内容。

Prompt : hot dog

提示词：热狗

Prompt : hot::dog

提示词：热，狗

图 3.16　美味热狗　　　　　　　　　图 3.17　很热的狗

在下面的提示词中，cup cake illustration（纸杯蛋糕插画）被看成一个整体，从而生成了纸杯蛋糕的插画，如图 3.18 所示。

Prompt : cup cake illustration

提示词：纸杯蛋糕插画

图 3.18　纸杯蛋糕插画

在下面的提示词中，杯子与蛋糕插画分开，从而生成杯子里的蛋糕插画，如图 3.19 所示。

Prompt : cup :: cake illustration

提示词: 杯子，蛋糕插画

在下面的提示词中，杯子、蛋糕与插画被分开，分别生成杯子、蛋糕和一些插画元素等，如图 3.20 所示。

Prompt : cup :: cake :: illustration

提示词: 杯子，蛋糕，插画

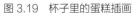

　　图 3.19　杯子里的蛋糕插画　　　　　　图 3.20　杯子、蛋糕与插画

2. 提示词权重

当使用 "::" 将提示词分隔成多个部分时，可以在 "::" 后附加一个数字来调整每个部分的重要性。

例如，在图 3.21 中，当提示词为 "hot::dog" 时，会生成一只处在高温环境中的狗的图像。如果稍作调整，将提示词改为 "hot :: 2 dog"，这就让 hot 的重要性相比 dog 提高了一倍，生成的图像会是一只在更高温的环境中的狗，如图 3.22 所示。通过这种方式，使用 "::" 和权重值进行创作，使创作更加丰富和灵活。

V1、V2、V3 模型只接收整数作为权重值，而 V4 模型可以接收小数作为权重值。如果没有明确指定，权重值默认为 1。并且需要注意，所有提示词的权重值都会被统一处理，因此出现以下两种情况：

（1）hot :: dog 与 hot :: 1 dog、hot :: dog :: 1、hot :: 2 dog :: 2、hot :: 100 dog :: 100 等相同。

Prompt : hot :: dog

提示词: 热，狗

（2）cup :: 2 cake 与 cup :: 4 cake :: 2、cup :: 100 cake :: 50 等相同。

Prompt : hot :: 2 dog

提示词: 热，狗

图 3.21　处在高温环境中的狗

图 3.22　处在更高温的环境中的狗

3. 负数提示词权重

　　将提示词的权重设定为负数并将其包含在提示词中，以排除不需要的元素。这种使用方法与 --no 参数的效果类似，能够帮助我们更好地排除生成图像中不想要出现的元素。因此 vibrant tulip fields :: red::-.5 与 vibrant tulip fields --no red 生成的效果相同。具体效果如图 3.23 和图 3.24 所示。

　　注意: 所有权重的总和必须是正数。

Prompt : vibrant tulip fields

提示词: 郁金香田地

图 3.23　郁金香田地

图 3.24　没有红色花朵的郁金香田地

Prompt : vibrant tulip fields :: red :: -0.5

提示词： 郁金香田地，没有红色

郁金香没有红色花朵，意味着郁金香田地中不可能包含红色，因此通过设置"red :: -0.5"，去掉了红色花朵。

3.4　并列提示词

并列提示词（Permutations）功能提供了一种将多个相同性质的词语或后缀参数组合在一起的方法。这意味着，在一组提示词内 Midjourney 机器人能够自动进行排列组合并创作出多种不同的图像。

扫一扫　看视频

如何使用这项功能呢？只需要在花括号（ { } ）中填入用英文逗号（ , ）分隔的选项列表即可。Midjourney 机器人将通过这些选项的不同组合来创造出多个版本的提示词。这些提示词包括文本、图像提示、参数，甚至包括提示词的权重等。

下面是并列提示词举例。

/imagine prompt: a {red,white,yellow} rose 创建并处理 3 张图像，分别如下：

- /imagine prompt: a red rose。
- /imagine prompt: a white rose。
- /imagine prompt: a yellow rose。

注意： Midjourney 机器人会将每个并列关键词的变体视为独立的任务，每个任务都会单独占用 GPU 的运行时长。目前，只有开通 Basic 和 Pro 订阅的用户才能在 fast 模式下使用这项功能。

1. 并列文本提示词

Prompt : a {golden,red,black} goldfish

提示词： 三组金色，红色，黑色金鱼

该提示词将生成三组金鱼图像，分别是金色金鱼、红色金鱼和黑色金鱼，如图 3.25 ~图 3.27 所示。

图 3.25　金色金鱼　　　　　图 3.26　红色金鱼　　　　　图 3.27　黑色金鱼

2. 并列参数提示词

Prompt : portrait of an old man --style {scenic, expressive, cute} --seed 1234 --ni ji 5

提示词： 一位老人的肖像

这个提示词将生成 3 组不同风格的老人的肖像，如图 3.28 ~ 图 3.30 所示。需要注意的是，用"--seed 1234"来固定种子值，用"--niji 5"来固定模型版本。

图 3.28　风景风格（scenic）的老人　　　图 3.29　表现力风格（expressive）的老人

图 3.30　可爱风格（cute）的老人

3. 组合与嵌套的并列提示词

（1）Midjourney 为用户提供了一项更为强大的功能，能够在单一的提示词中使用多组位于花括号内的选项进行组合。每一组位于花括号内的选项将会与其他组内的选项进行组合，以形成一系列组合提示词，从而拓宽创作多样性。

例如，/imagine prompt: a {red, green} bird in the {jungle, desert} 会创建并处理 4 个生成任务，分别如下：

- /imagine prompt: a red bird in the jungle。
- /imagine prompt: a red bird in the desert。
- /imagine prompt: a green bird in the jungle。
- /imagine prompt: a green bird in the desert。

（2）在单个提示词中，将花括号内的选项集嵌套在其他花括号内。

例如，/imagine prompt: A {sculpture, painting} of a {seagull {on a pier, on a beach}, poodle {on a sofa, in a truck}} 会创建 8 个生成任务，分别如下：

- /imagine prompt: A sculpture of a seagull on a pier。
- /imagine prompt: A sculpture of a seagull on a beach。
- /imagine prompt: A sculpture of a poodle on a sofa。
- /imagine prompt: A sculpture of a poodle in a truck。
- /imagine prompt: A painting of a seagull on a pier。
- /imagine prompt: A painting of a seagull on a beach。
- /imagine prompt: A painting of a poodle on a sofa。
- /imagine prompt: A painting of a poodle in a truck。

4. 转义字符

如果想在大括号内包含一个不作为分隔符的"，"，直接在它前面放置一个反斜杠（\）即可。

例如，/imagine prompt:{red, pastel \, yellow} bird 创建 2 个生成任务（图 3.31 和图 3.32），分别如下：

- /imagine prompt: a red bird。
- /imagine prompt: a pastel, yellow bird。

Prompt : {red, pastel \, yellow} bird

提示词： 红色鸟，淡黄色鸟

图 3.31　红色鸟

图 3.32　淡黄色鸟

3.5　精彩提示词

扫一扫　看视频

在本节中，将深入探索一些精彩且实用的 Midjourney 提示词。无论是寻找灵感，还是渴望创作精品绘画，这些提示词都会完成任务。

1. sticker design

贴纸风格 sticker design 的艺术作品色彩丰富、形状清晰，这种鲜明的视觉效果尤其适合打印类作品。无论是用于个人装饰，还是用于商业宣传，贴纸风格的作品都非常具有吸引力。只需按照下方的命令格式，在空白处添加适当的描述，即可轻松创作出一幅贴纸风格的图像，如图 3.33 所示。

命令格式: Design a Sticker of ＿＿＿＿＿

Prompt : Design a Sticker of <u>cute anime boy head</u>

提示词: 设计一个可爱的动漫男孩头像贴纸

2. A as B 命令

as 命令可以让用户在 Midjourney 中轻

图 3.33　动漫男孩头像贴纸

松实现人物形象和风格的转变。通过运用该命令，可以将人物的形象和样式描绘成各种别致的艺术风格，如将人物描绘成超人或宇航员，或是以喜剧演员的身份出现，甚至将企鹅塑造成一名清洁工的形象，如图 3.34 所示。只需按照下方的命令格式，将 A 和 B 替换成任何想要的词汇，就能创造出任意风格转换的效果。

命令格式： A as B

Prompt : penguin as a cleaner

提示词： 企鹅以清洁工形象出现

图 3.34　企鹅打扮成清洁工

3. Symmertrical,Flat icon design

设计一个简洁、对称的单一元素标志在很多时候会显得困难。然而，如果设计出一款简约风格的标志，那么使用该提示词是一个完美的选择。它可以创建一个符合简约设计原则的 Logo，既凸显了品牌的特性，又保持了设计的清晰与简洁，如图 3.35 所示。只需按照下方的命令格式，将空白处替换成任何期望的词汇即可。

图 3.35　极简风格水杯

命令格式:＿＿＿＿＿, Symmertrical, Flat icon design

Prompt : <u>Cup</u>, Symmertrical, Flat icon design

提示词: 杯子，象征性的，平面图标设计

4. Panels 提示词

Panels 是 Midjourney 的一个功能强大的提示词，能够在设计过程中创造一系列连续的动作或表情。例如，利用此提示词来展示一个角色的各种动作或情绪变化，从而创作出类似连环画的图像。这个功能适合展示连续场景或讲述故事的情境。无论展示一个角色的多种表情，还是描绘一场连续的运动场景，Panels 都能轻松完成。

（1）生成指定数量不同动作的图片。

命令格式: ＿＿数量＿＿ panels with different poses

Prompt : Cute anime boy with golden hair, ＿＿6＿＿ panels with different poses, 8k

提示词: 金色头发的可爱动漫男孩，6 个不同动作的面板，8k

上面提示词的作用是生成 6 个不同动作的动漫男孩图像，如图 3.36 所示。

图 3.36　不同动作的动漫男孩

（2）生成指定数量连续动作的图片。

命令格式: ＿＿数量＿＿ panels with continuous ＿＿动作＿＿

Prompt : Cute anime boy, running , ＿＿6＿＿ panels with continuous <u>running</u>

提示词: 可爱的动漫男孩，跑步，连续跑步的 6 个面板

上面提示词的作用是生成 6 个跑步动作的连续图像，如图 3.37 所示。

图 3.37　连续跑步动作的男孩

5. Sheet 提示词

Sheet 提示词是指多物体集合，可以把多个人物、物体显示到同一张图像中。

（1）character sheet：生成一系列关于某个角色的图像。

如果想生成一系列关于某个角色的图像，只需在提示词中添加 character sheet 即可。这样就可以生成包含角色正面、侧面和背面视图的一系列图像，如图 3.38 所示。如果想创造一个虚拟的主播形象，则利用 character sheet 提示词结合其他提示词可以轻松实现这一目标。

图 3.38　不同角度的男孩

命令格式： character sheet

Prompt： cute anime boy, character sheet, full body

提示词： 可爱的动漫男孩，角色表，全身

（2）expression sheet：生成一系列表情图像。

expression sheet 是创造一系列表情图像的命令。与 character sheet 类似，该提示词旨在展示主体的不同状态，但更侧重于主体的表情变化。一般来说，expression sheet 主要用于描绘角色的情绪变化，如喜、怒、哀、乐等，只需在提示词中添加 expression sheet，就能创建出一系列不同的表情图像。

例如，如果想为一个卡通角色创建一组表情包，则将提示词设定为 "Tom (the cartoon character) Expression Sheet: happy, sad, angry, surprised"。这样就会生成一系列描绘 Tom 在不同情绪状态下的表情图像。

通过该命令创造出的表情图像，不仅可以用于社交媒体，而且可以用于角色设计，帮助用户深入地理解和展示角色情感。

下面命令中的表情如果不写，则 Midjourney 机器人会随机生成不同的表情，如图 3.39 所示。

命令格式： expression sheet:＿＿表情＿＿

Prompt： 3D panda emoji, expression sheet, ultra detailed, 8k

提示词： 3D 熊猫，表情符号，表情表，超精细，8k

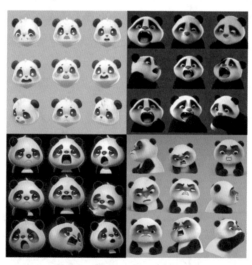

图 3.39　不同表情的熊猫

（3）game sheet：生成一些游戏类图像。

通过使用 game sheet 提示词，可以创建一系列以特定游戏为主题的图像。可以根据需要生成角色设定图、游戏场景、道具设计，甚至整个游戏界面设计。

这个命令在游戏设计和开发过程中，或者在概念创作阶段，都是非常有用的。例如，如果想为一款魔法主题的角色扮演游戏创建一些相关素材，可以将提示词设定为"game sheet for a magic-themed RPG: characters, environments, items, magic spells"，具体效果如图 3.40 所示。

命令格式: game sheet of _____

Prompt: game sheet of different types of mystic gems

提示词: 不同类型的神秘宝石的游戏单

图 3.40　游戏宝石道具

6. knolling

knolling 是一种艺术表现形式和摄影技巧，其特点在于将相关物品整齐排列。选择自己最喜欢的物品，通过 knolling 方式将它们重新组织，从而创造出一幅耳目一新的视觉作品，如图 3.41 和图 3.42 所示。

knolling 的应用领域极其广泛。例如，将早餐盘中的牛奶、面包和水果进行 knolling，以 90°的直角整齐地排列在盘子上，形成一幅别出心裁的视觉艺术作品。也可以将旅行背包中的电子产品进行 knolling，或者用 knolling 的方式呈现具有浓厚女性气息的香水和化妆品。

总体来说，knolling 不仅仅是一种艺术表现形式，更是一种生活态度，它能够以全新的方式呈现生活中的每一个细节，让生活因此变得更加丰富多彩。

命令格式: knolling

Prompt: knolling, many machine iron man model parts, mecha style, Top view, 8k

提示词: knolling，机器人模型零件，机甲风格，俯视图，8k

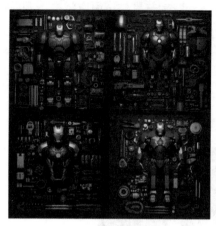

图 3.41　钢铁侠拆解

图 3.42　年夜饭

Prompt : knolling, many New Year's Eve Dinner parts, tranditional chinese ink painting style, Top view, 8k

提示词: 直角排列，年夜饭，复古水墨风格，俯视图，8k

7. 8-bit、16-bit pixel art

pixel art 提示词可以轻松创作出具有复古游戏风格的像素艺术图像。这种像素艺术风格的起源可追溯到早期的 8 位和 16 位游戏，像 20 世纪 90 年代广受欢迎的红白机游戏，就广泛采用了 8 位像素风格。

在这种风格的图像中，图像被分割成许多像素块，每个像素块都代表一个独特的颜色。由于像素数量的限制，使这种风格的图像呈现出一种比现实世界更加抽象和简化的视觉效果。这也导致这种独具魅力的像素风格吸引了许多游戏和艺术爱好者。

要创作像素风格的图像，只需在提示词中添加 pixel art 关键词即可。同时，还可以根据需求搭配使用其他关键词来丰富创作内容。例如，在 pixel art 前面添加 8-bit 或 16-bit 等关键词来指定位数。位数越低，图像的颗粒感就越强（图 3.43）。也可以添加 isometric 关键词来创作具有 3D 效果的图像。另外，如果在提示词中加入 out of lego，则生成的图像会呈现出类似乐高积木模型的风格。这些关键词的组合都能让像素艺术创作更具个性和趣味性。

命令格式: 8-bit pixel art

　　　　　　16-bit pixel art

　　　　　　32-bit pixel art

　　　　　　64-bit pixel art

Prompt : 16-bit pixel art, The Palace Museum at sunset
提示词: 16 位像素艺术，日落时的故宫

图 3.43　像素风格的故宫

8. A out of B（物体 A 被物体 B 包围）

make out of 这个英文短语的含义是用某种材料制作某物。如果想创作出一种物体被特定材料包围的画作，则使用该提示词。其格式如下，效果如图 3.44 所示。

命令格式: _____ out of _____

Prompt : <u>castle</u> out of <u>colorful flowers</u>
提示词: 被鲜花包围的城堡

图 3.44　被鲜花包围的城堡

9. layered paper（折纸艺术）

layered paper 是一种艺术创作手法，它通过堆叠多层纸片制作出具有立体感和深度的艺术作品。使用该提示词，可以在 Midjourney 中创作出具有折纸艺术风格的图片。

该艺术风格的特点在于其多层次和立体感，每一层纸片都被精心设计和排列，以营造出一种强烈的视觉深度和细腻的立体效果。这些作品看起来仿佛是从平面空间跃然而出，充满了层次感和动感，具体效果如图 3.45 所示。

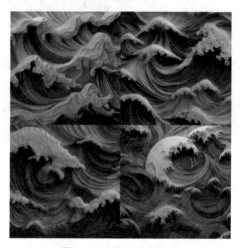

图 3.45　折纸风格的海浪

命令格式： layered paper

Prompt： layered paper, sea wave

提示词： 折纸，海浪

10. 3D isometric model（3D 等轴模型）

3D 等轴模型是一种三维建模方式，通过等轴投影以二维的形式呈现出三维物体，使用户可以从一个固定角度观察到物体的多个面。这种视觉效果既保留了三维物体的立体感，又突破了二维视图的限制，将物体的结构和空间关系展现得一目了然。

这种表现手法在许多领域都有广泛的应用，如建筑设计、工程绘图和游戏设计等。在建筑设计中，3D 等轴模型可以清晰地显示建筑物的结构和布局；在游戏设计中，3D 等轴模型提供了一种别致的视角，丰富了游戏的视觉效果。

通过在 Midjourney 中使用 3D isometric model 这一提示词，可以轻松创作出富有三维立体感和深度的等轴模型图像（图 3.46），无论是用于实际的设计项目中，还是用于个人的艺术创作中，都会有出色的表现。

命令格式： 3D isometric model

Prompt： 3D isometric model Eiffel Tower

提示词： 埃菲尔铁塔三维立体模型

图 3.46　埃菲尔铁塔 3D 模型

11. 黑光

黑光（blacklight）又称紫外线灯或荧光灯，其能够产生一种神秘而迷人的视觉效果。这种独特的光源可以使某些材料在黑暗环境中发出明亮的颜色，从而营造出一种绚丽的光彩，带来强烈的视觉冲击力。在黑暗的背景下，这些光线闪耀出神秘的紫色光晕，让物体更加醒目（图 3.47）。

图 3.47　带有黑光效果的火山

无论是在音乐会、舞台表演中，还是在艺术装置和摄影作品中，黑光都可以制造惊艳的效果。如果想要在艺术创作中加入这样的元素，只需要在 Midjourney 的提示词中添加 blacklight 即可。

命令格式： blacklight

Prompt： blacklight Volcano

提示词： 黑光，火山

12. 纯朴艺术

纯朴艺术（naive art）是一种朴实无华、充满童真世界的艺术风格。这种艺术形式因其天真无邪、淳朴可爱的特质被人们所喜爱。纯朴艺术描绘的是一种不加修饰、直接简单的美，常会让人联想起无忧无虑的童年时光和对世界的纯真感受。

要想在 Midjourney 中创作出纯朴艺术的作品，只需在提示词中加入 naive art 即可（图 3.48）。这种艺术风格不仅可以让作品自身散发出一种平和、愉快的氛围，而且可以唤醒用户内心深处的纯真情感。

命令格式： naive art

Prompt： dolphin naive art

提示词： 海豚童趣艺术

图 3.48　具有童趣风格的海豚

13. 吉祥物

吉祥物（mascot）是一种象征性的角色或物品，它能够代表一个品牌、组织或者事件，通过它独特的外形和特性，能够与之迅速产生情感共鸣。在商业活动中，吉祥物的运用能为品牌打造出独特且易于识别的形象，从而提升品牌的知名度和受欢迎程度。

在 Midjourney 中使用 mascot 提示词生成一些专为果汁饮料品牌定制的吉祥物。例如，mascot for a fruit juice brand，这样的提示词将会引导 Midjourney 创造出富有活力、色彩艳丽且深受公众喜爱的果汁饮品公司吉祥物形象，这样不仅能进一步提升品牌形象，而且能提高品牌的知名度（图 3.49）。

命令格式： mascot for ＿＿＿＿＿＿

Prompt： mascot for fruit juice brand

提示词： 果汁品牌吉祥物

图 3.49　果汁饮品公司吉祥物

14. T 恤设计

向量图像（vector）是一种基于数学公式创建的图像类型，它的主要特点是无论放大还是缩小，其清晰度不会受到影响，细节依然保持清晰。该特性使向量图像非常适合制作 T 恤图案，因为 T 恤图案通常需要在各种尺寸的衬衫上打印，而向量图像能轻松适应这种尺寸变化。

如果想创建一款独特的 T 恤，则添加 T-shirt vector 提示词，Midjourney 机器人将生成清晰、细致的图案设计（图 3.50），而且无论在何种尺寸的 T 恤上，都能保持出色的图像质量。

图 3.50　T 恤设计

命令格式： T-shirt vector

Prompt： T-shirt vector, 1980s, bird, vivid colors, detailed

提示词： T 恤矢量，20 世纪 80 年代，鸟，生动的颜色，详细

15. 图案设计

图案（pattern）设计是指一种重复出现的图形或设计。这种设计通常具有统一的主题和风格，可以在各种不同的场合中使用，如壁纸、纺织品、包装设计等。如果想创造一个独特的图案，则使用 pattern 提示词即可。例如，编写提示词 floral pattern for textile design 以生成适合于纺织品设计的花卉图案。而使用 pattern 提示词则可以生成各种各样的图案设计（图 3.51）。

命令格式： pattern

Prompt： Chinese Native pattern

提示词： 中国风图案

图 3.51　中国风图案

16. 纹身图案

　　纹身（tatto）是一种独特的艺术形式，是指艺术家在人体上绘制独特的图案和图像。通过使用 tattoo design 提示词，可以创建出精致独特的纹身图案（图 3.52）。这种艺术形式在全球范围内都有着广泛的粉丝群体，尤其在西方国家中，纹身文化更是深受年轻人的喜爱和追捧。无论是想设计一款个性化的纹身，还是想开发出新的纹身图案，都可以尝试使用 tattoo design 提示词。

　　命令格式： tattoo design

　　Prompt： vinimalist rose tattoo design

　　提示词： 极简玫瑰纹身设计

图 3.52　纹身图案

17. 照片级真实设计 photorealistic

　　当在 Midjourney 中使用 photorealistic 提示词时，将会生成一幅高度真实且细节丰富的图像。无论是人物肖像还是风景，甚至是物体的静态描绘，都可以通过 photorealistic 提示词来获得令人惊艳的真实效果（图 3.53）。这对于需要高度逼真效果的作品，如产品设计、建筑设计等，是非常有用的。

图 3.53　法拉利跑车

　　命令格式： photorealistic

　　Prompt： Ferrari sports car, photography, realistic, 8k, shot on sony mirrorless camera, ultra detailed,

photorealistic

提示词: 法拉利跑车,摄影,逼真,8k,在索尼无反光镜相机上拍摄,超精细,逼真

18. 彩色玻璃窗口

彩色玻璃窗口(stained glass window)是指一种色彩鲜艳且设计精致的玻璃艺术,在教堂和历史悠久的建筑中经常可以见到。这种艺术形式利用各种色彩丰富、图案华丽的彩色玻璃,使光线透过时营造出令人陶醉的视觉效果。

当在 Midjourney 中使用 stained glass window 提示词时,将会生成具有彩色玻璃窗口艺术特性的图像(图 3.54),它包含了复杂的设计元素、丰富的色彩和特有的光影效果。无论是想再现一个传统的彩色玻璃窗口,还是打造一种现代派的抽象设计,都可以使用 stained glass window 作为提示词。

命令格式: stained glass window

Prompt: dragon, stained glass window

提示词: 龙,彩色玻璃窗口

图 3.54 龙

19. Blender 3D

Blender 是一款非常流行的 3D 图形开源软件,它拥有丰富的功能,包括建模、动画制作、雕刻、绘制、渲染、合成、剪辑、模拟和追踪等。无论是设计物体、创建环境,还是制作完整的电影,Blender 都能够胜任。

在 Midjourney 中添加 Blender 3D 提示词,将得到渲染成 Blender 风

格的 3D 模型（图 3.55）。用户可以任意选择感兴趣的主体，无论是单一的对象，如 Blender 3D: spaceship（太空船），还是复杂的场景，如 Blender 3D: cityscape（城市风光）。

通过使用该提示词生成具有真实感和细腻质感的 3D 图像，而无须用户深入学习和操作 Blender 软件，这极大地降低了创作 3D 模型的难度。

命令格式： Blender 3D : ＿＿＿＿＿＿＿

Prompt： Blender 3D: spaceship

提示词： Blender 3D : 太空船

图 3.55　3D 宇宙飞船

20. 双重曝光

双重曝光（double exposure）是一种摄影技巧，它将两张具有不同曝光值的照片叠加在一起，从而在同一画面中展现出两张不同的图像。这种技巧能够创造出富有深度和意象的视觉效果，尤其是将人物与环境景观巧妙地结合在一起时，更能引人入胜。

在 Midjourney 中，可以使用 double exposure 提示词来尝试这种摄影技巧，以此打造出独特且富有深度的作品。例如，试图将一张人物照片与一张自然景观照片叠加在一起，或者将一张城市景观照片与一张人物肖像照片相结合（图 3.56）。这种方法可以让作品充满故事性和视觉吸引力，从而增添更多的艺术性。

命令格式： subject1, subject2, double exposure

Prompt： cowboy, valley, double exposure

提示词: 牛仔，山谷，双重曝光

图 3.56　牛仔和山谷的双重曝光

21. 立体剖面图

立体剖面图（cutaway diagram）是一种视觉表现方式，它通过"切开"三维物体，揭示其内部的构造和各个层次，从而帮助用户更深入地理解和揭示物体的内部结构。在 Midjourney 中，可以使用 cutaway diagram 提示词来创建立体剖面图（图 3.57）。虽然生成的图像不会完全符合物体的真实内部结构，但是依然可以产生令人信服的视觉效果，并以丰富的细节展示物体的三维结构。无论是想要探索一个机械装置的内部构造，还是想要展示一个建筑物的内部布局，都可以使用 cutaway diagram 提示词。

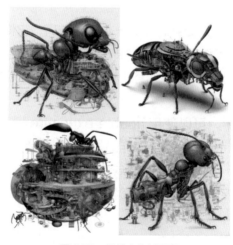

图 3.57　蚂蚁立体剖面图

命令格式: <u>subject or scene</u> cutaway diagram

Prompt : ant : cutaway diagram

提示词: 蚂蚁: 剖面图

22. 待上色页

待上色页（coloring page）是一个非常实用的提示词。使用该提示词可以生成以用户选择的主题或场景为基础的黑白轮廓图。这种图像非常适合打印出来进行涂色，就像熟悉的儿童涂色书那样，可以给予孩子们无限的创造空间和乐趣（图 3.58）。此外，还可以根据需要添加一些可选的修饰词来进一步定制涂色页面，如使用 2D 生成二维图像，使用 simple（简单）获取简单易涂的图案，或者使用 preschoolers（学龄前儿童）制作适合幼儿涂色的简易图案等。

命令格式: <u>subject or scene,</u> coloring page

Prompt : village hut , coloring page

提示词: 乡村小屋，着色页

图 3.58　待上色页

23. 移轴摄影

移轴（tilt-shift）摄影是一种摄影艺术，它通过改变镜头和图像传感器的相对位置，从而捕捉和展现出被摄物体的不同视角。其最令人着迷的视觉效果之一是可以使现实中的大型物体或广阔场景看起来像是微型模型一样，营造出一种奇妙的小人国感觉。

在 Midjourney 中，可以使用 tilt-shift 提示词来实现移轴摄影效果。根据提示词，Midjourney 会生成具有移轴摄影效果的图像，如图 3.59 所示。

命令格式： subject or scene, tilt-shift

Prompt： Times Square' tilt-shift

提示词： 时代广场，移轴摄影

图 3.59　时代广场

24. 超微距

超微距（super macro）摄影是一种专注于小物体或小生物细节的摄影技术，它展示了通常无法看到的世界。例如，昆虫的复眼、花瓣的纹理等微小且细腻的细节，超微距摄影进一步增大了观察力，提供了一种超越常规视觉体验的方式。

在 Midjourney 中，可以通过在提示词中加入 super macro 实现超微距效果（图 3.60）。Midjourney 会根据提示词生成令人惊叹的超微距图像，让用户有机会深入探索日常中难以察觉的微观世界，如昆虫身上的细毛、花朵中的花蕊或者雪花的形状等。

命令格式： subject or scene, super macro

Prompt： bee, super macro

提示词： 蜜蜂，超微距

图 3.60　蜜蜂微距镜头

25. 鱼眼镜头

　　鱼眼镜头（fisheye lens）是一种超广角镜头，它可以捕捉到极其广阔的视角，使图像中包含的信息远超常规镜头。然而，这种广角视角会导致图像中的物体出现显著的扭曲，这在传统摄影中被视为问题，但在创意摄影中，鱼眼镜头会因其独特的视觉效果而受到欢迎。

　　若想在 Midjourney 中生成具有鱼眼镜头效果的图像，则应在提示词中添加 fisheye lens。通过这个关键词，Midjourney 将生成带有明显扭曲和广阔视角效果的图像，让作品更具活力和趣味性，如图 3.61 所示。

图 3.61　鱼眼镜头下的挪威峡湾

命令格式: <u>subject or scene,</u> fisheye lens

Prompt : Norwegian fjords, fisheye lens

提示词: 挪威峡湾，鱼眼镜头

26. 合成波

合成波（synthwave）是一种起源于 19 世纪 80 年代且弥漫着强烈复古情怀的电子音乐类型。这种音乐类型受到未来主义和科幻概念的影响，常被用于电影和电子游戏中，以塑造出科幻气氛。在视觉艺术领域中，synthwave 风格典型的视觉元素包括鲜艳的霓虹色、简洁的几何图形和深邃的黑暗背景。

若想在 Midjourney 中生成充满合成波风格的图像，则应在提示词中使用 synthwave。通过该提示词，Midjourney 将按照合成波的视觉风格生成图像，从而进入充满复古科幻情怀的艺术空间（图 3.62）。在这里会看到鲜艳的霓虹色在深邃的黑暗背景中跳跃，简洁的几何图形构建出梦幻的未来世界，仿佛进入 19 世纪 80 年代的科幻电影场景。

命令格式: synthwave <u>subject or scene</u>

Prompt : synthwave rainbow

提示词: 合成波彩虹

图 3.62　彩虹的合成波效果

27. 针织

针织（needlepoint）又称针刺绣或刺绣，是一种将线条（如丝线、毛线等）

以特定的针法绣制到网状底布上形成各种图案和图像的传统手工艺。这种技术的独特之处在于每一针都是手工精细制作的，就像在网状底布上一针一线地绘制画作，细腻而富有质感。

若想在 Midjourney 中创造出带有针织效果的图像，则应在提示词中加入 needlepoint。Midjourney 将会模仿针织艺术的独特纹理和颜色渐变生成图像，此时会看到每一笔都像是用针线精心织出，如同真实针织作品（图 3.63）。

命令格式： needlepoint subject

Prompt： needlepoint rose

提示词： 针织玫瑰

图 3.63　针织玫瑰

28. 讽刺画或漫画

讽刺画或漫画（caricature）是一种艺术风格，其特点是通过夸大或扭曲人物或事物的某些特征，以达到滑稽或讽刺的效果。该艺术形式常被用于突出和表现人物的特点，或在讽刺漫画中进行尖锐的讽刺和批评。

若想在 Midjourney 中创作出具有讽刺画风格的图像，则应在提示词中加入 caricature。Midjourney 将会根据描述或所选的主题生成一幅色彩鲜明、夸张且生动的讽刺画（图 3.64）。

命令格式： subject caricature

Prompt： Panda caricature

提示词： 大熊猫漫画

图 3.64　表情夸张的大熊猫

29. 单色图像

单色图像（monochrome）主要依赖一种主导颜色来塑造视觉效果。若想在 Midjourney 中创建出单色效果，则应在提示词中加入 monochrome 并指定想要的颜色，如 monochrome blue 或者 monochrome red。根据指示和选定的主题，Midjourney 将创作出一幅以选择的颜色为主导的单色图像。

无论是人物肖像、风景画，还是抽象艺术作品，都可以利用这种单色效果。通过此方式，可以尝试塑造出一种特有的视觉体验，或者通过特定的颜色来传递某种特定的情绪或主题（图 3.65）。

图 3.65　黑色的猪

命令格式： monochrome subject, color
Prompt： monochrome, pig, black
提示词： 单色，猪，黑色

3.6　提示词资源库

对于初次接触 AI 绘画工具的新手来说，编写有效的绘画提示词可能会有些挑战。为此，这里推荐几款出色的在线提示词工具，它们能够自动生成符合规范的提示词。这些工具提供了各类提示词选项，包括颜色、风格、参数等，能够帮助用户更准确地勾勒出心中理想的画面。这将大大简化绘画提示词的编写过程。

扫一扫　看视频

1. Midlibrary

Midlibrary 是一个非常实用的 Midjourney 提示词资源库，由艺术家 Andrei Kovalev 主导创建。它的内容主要分为 3 个部分，分别为风格（style）、特性（feature）和类别（category），如图 3.66 所示。

图 3.66　Midlibrary 首页

在风格部分中，Midlibrary 整合了超过 2000 种不同的艺术风格、流派、技术和艺术家关键词。这些关键词以标签的形式展示，让人一目了然，方便查找。例如，如果对某个艺术家的风格特别感兴趣，只需单击他们的名字，就能看到他们的风格在 Midjourney 中生成的效果，再与实际作品进行对比和学习。这种学习方式不仅有助于快速掌握艺术家的风格，也可以从中获得灵感和创新思路。

在特性部分中，Midlibrary 按照更广泛的概念进行分类，不仅包括画风特征的分类，如黑白、古典、可爱、史诗等风格，还包括主题的划分，如人物、动物、风景、城市景观等，甚至还有颜色和肤色的区分。每个分类都有具体的图像示例，用户可以直观地看到每种特性在图像中的表现，也可以直接复制提示词。

在类别部分中，Midlibrary 包含了 13 个主要的类别，包括艺术流派和运动、艺术技术、日本动漫、建筑、平面设计、时尚设计、电影、插图、绘画、摄影、版画、雕塑和装饰艺术以及街头艺术等。这对于热爱绘画和设计的用户来说，是一个宝贵的资源库。

此外，Midlibrary 还有一个 Midguide（绘画指南）部分，该部分详细解析了 V4、V5、Niji 等模型的风格，并提供了各种热门主题的关键词合集。用户不仅从中可以学到许多关于 Midjourney 绘画的知识，还可以学到更多的提示词写作技巧。

2. PromptPerfect

PromptPerfect 是一个为大型语言模型设计的提示词优化工具（图 3.67）。它能自动优化提示词，以帮助 AI 生成的内容达到理想的效果。用户只需输入所要生成的内容类型和基本提示，PromptPerfect 就能根据需求和偏好，生成最佳的提示词。

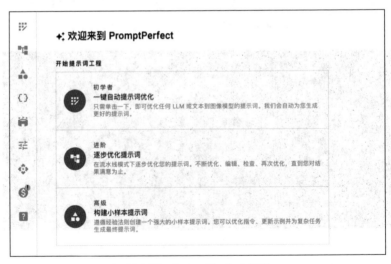

图 3.67　PromptPerfect 首页

此外，还可以调整多种设置选项，如提示的长度、优化速度和输出质量等，以确保最终的结果能满足期望。

PromptPerfect 支持许多最新的、先进的 AI 模型，包括 ChatGPT、GPT-4、DALL-E、Stable Diffusion 以及 Midjourney 等。无论是进行内容创作还是艺术创作，PromptPerfect 都可以帮助用户轻松编写提示词，迅速创作满意的作品。

3. Prompt Heroes

Prompt Heroes 中文官网是一个为 AI 绘画用户提供专业提示词、关键词和参数指令的中文素材平台。该平台覆盖了多种 AI 绘画模型，包括 Midjourney、Stable Diffusion、DALL-E 等（图 3.68）。

图 3.68　Prompt Heroes 首页

Prompt Heroes 的目标是为希望提高 AI 绘画技能的用户提供一站式服务。网站上设有热门标签和搜索功能。热门标签允许通过单击轻松找到当前流行的 AI 绘画风格或特定的关键词，更快地发现自己感兴趣的内容。搜索功能是 Prompt Heroes 的重要工具，无论输入的是中文关键词还是英文关键词，都能根据输入内容快速搜寻出相关的 AI 绘画图像和提示词。这大大提升了用户的查找效率，从而在海量的素材中轻松寻找到需要的内容。

在网站首页的右上角找到一个专门为 Midjourney 提示词设置的链接，单击此链接，直接进入 midjourney-prompt 主页面，如图 3.69 所示。

图 3.69　midjourney-prompt 首页

4. AiTuts Prompt

AiTuts Prompt 是一个集合了大量高质量 Midjourney 提示词的数据库，其提供了丰富多样的提示词，如图 3.70 所示。不论是基础图像，还是想要挑战更高级、更复杂的 AI 生成图像，AiTuts Prompt 都能提供帮助。

该数据库涵盖了多种提示词类别，从游戏美术、图形设计，到工艺美术、插图等。在 AiTuts Prompt 的帮助下，可以轻松找到符合吉卜力工作室动画风格的提示词，或是超现实的水景摄影提示词，甚至是应用程序图标、海报设计、3D 角色和游戏物品等多种风格的提示词，从而满足各种创作需求。

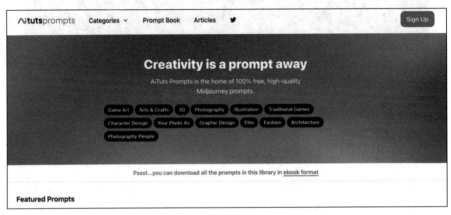

图 3.70　AiTuts Prompt 首页

5. MJ Prompt Tool

MJ Prompt Tool 是一款极其实用的 Midjourney 提示词辅助工具（图 3.71），它能有效地协助用户编写出更优秀的 Midjourney 提示词。只需提供创作主题和思路，通过调整一系列的选项即可生成优质的提示词。

MJ Prompt Tool 提供了一系列丰富的设置选项，如艺术风格、主要色调、图像比例、景深和光照等，并且包括 Midjourney 的参数设定。这意味着用户无须在提示词中逐一列举所有的配置和参数，因为这款工具早已准备好。使用 MJ Prompt Tool 不仅能节省时间，而且能确保提示词的准确和完整，使生成的图像更具精细度和美感。

此外，该工具还提供了一个独特的功能，允许基于在线手绘草图或者简笔画生成精美的图片。

对于希望将 Midjourney 的图像创作提升到更高层次的新手，MJ Prompt Tool 无疑是一款必不可少的工具。

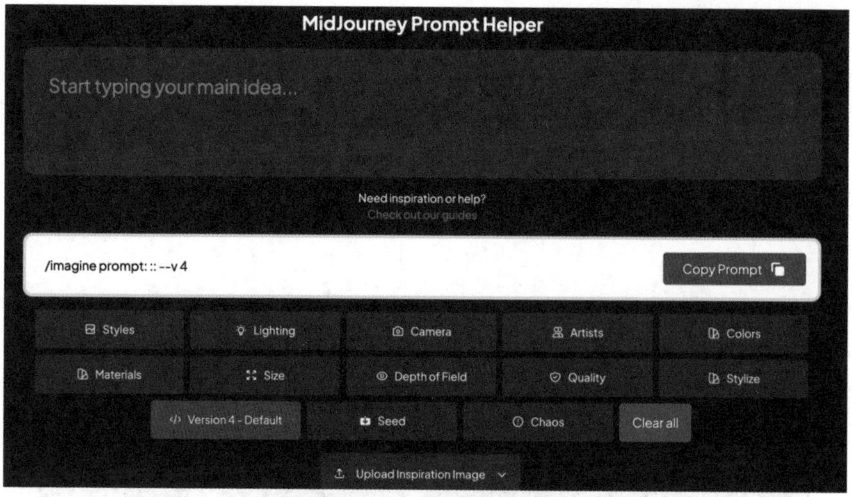

图 3.71　MJ Prompt Tool 首页

6. ArtHub.ai

Arthub.ai 是一个综合性的 AI 绘画平台（图 3.72），它结合了关键词分享以及 AI 绘画的实践创作。用户可在该网站上浏览并探索来自世界顶级艺术家和设计师的 AI 生成设计、图像和艺术作品，以及他们使用的提示词。Arthub.ai 不仅提供了丰富的 AI 绘画提示词库，还具备实用的 AI 绘画生成工具。用户可以在此发现全球优秀设计师分享的 AI 绘画作品及其提示词，还可以利用平台提供的工具，创作出独一无二的 AI 绘画作品。

另外，Arthub.ai 的功能并不仅限于 AI 绘画，它还扩展到了 AI 生成的名人模仿、歌词创作、诗歌撰写等多个领域，从而展示了 AI 创作的广泛性和趣味性。这让用户有机会更全面地体验和探索 AI 的创作潜力与魅力。

图 3.72　ArtHub.ai 首页

7. PromptoMANIA

PromptoMANIA 是一款专为 AI 艺术爱好者和专业人士打造的社区
（图 3.73），在线提示词生成器能够轻松生成高品质的 AI 图像。它支持各种 AI
绘画模型，包括 Midjourney、Stable Diffusion、CF Spark、DALL-E 2 以
及 DreamStudio 等，让用户可以根据自己的需求和喜好，自由挑选最适合的
模型。

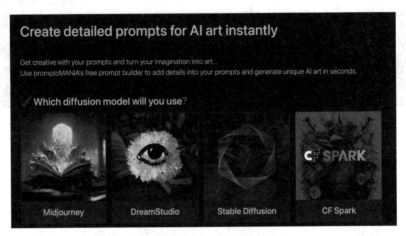

图 3.73 PromptoMANIA 首页

PromptoMANIA 操作方式直观且灵活。可以选择一张基础图片作为生成
AI 图像的主题，也可以添加一些参考图片以融入更多的细节和风格元素。这
些基础图片和参考图片都可以通过网络搜索或上传本地文件来获取。此外，
PromptoMANIA 还提供了一系列艺术风格供用户选择，包括印象派、超现实主
义等，所有这些风格都是依据知名艺术家和艺术作品的特征进行定义的。

值得一提的是，PromptoMANIA 还允许用户调整多种参数，如宽高比、风
格和随机种子等，这些参数将影响 AI 图像的清晰度、复杂度以及多样性。在生
成四合一图片后，用户还可以通过 PromptoMANIA 的网格分割器功能将其分割
成单独的图像，这无疑为用户保存和分享创作成果提供了便利。

8. 无界 AI

无界 AI 是一个全面专注于中文 AI 绘画的一站式平台（图 3.74），其为用户
提供全方位的 AI 搜索、创作、交流和分享服务。无界 AI 不仅配备了强大的 AI
绘画提示词 Prompt 搜索引擎，还拥有一系列独特的功能，包括但不限于 AI 反
推图片关键词、AI 姿态识别、AI 深度检测、AI 涂鸦上色、AI 边缘检测、AI 绘
画模型识别、AI 线段识别以及独具特色的 AI 提示词解析器。

　　无界 AI 在 AI 绘画群体中备受欢迎，尤其是对国内用户而言，其深度考虑了本土文化和习惯特性。作为国产 AI 绘画平台，无界 AI 可以说是功能最全面的平台，它提供了数十种主题模型和上百种绘画风格，让用户在创作中有更多的选择。

　　在该平台中，"咒语"是指提示词。在"咒语生成器"页面中，用户可以通过浏览和搜索各种常见的咒语，从而根据个人的喜好进行编辑和创作。

　　值得一提的是，无界 AI 独有的"咒语解析器"能够逆向解析出一张绘画图像所对应的"咒语"，这是该平台的一大亮点。当在任何地方看到一张吸引人的绘画，想要创作出类似的作品时，该功能就能发挥作用。可以利用该功能解析出那张绘画的"咒语"，并在无界 AI 上进行二次创作，从而创造出更新的艺术品。

图 3.74　无界 AI 首页

第4章

应用场景

■ **本章要点**

Midjourney 是一款颠覆性的 AI 绘画工具,其具有广泛的应用场景。

强大的图像生成能力和灵活的参数设置使 Midjourney 能够广泛应用于各类设计领域，以下是一些常见的应用场景。

（1）Logo 设计：Midjourney 能根据提供的关键词生成各种独特、创新的 Logo，以满足公司、产品或活动的品牌需求。

（2）头像制作：Midjourney 能生成各种风格的头像，适用于社交媒体、游戏、网络论坛等场合。

（3）游戏素材创作：Midjourney 能帮助游戏设计师生成一系列游戏元素，如角色、道具、环境，这大大提高了游戏制作效率。

（4）插画制作：无论是儿童插画、商业插画还是科幻插画，Midjourney 都能生成具有高度艺术性的作品。

（5）动漫制作：通过 Midjourney 可以生成各种漫画角色、场景、物品，轻松创作出个性化的动漫作品。

（6）建筑设计：Midjourney 能根据提供的关键词生成具有现代感或古典风格的建筑（概念）设计图。

（7）室内设计：Midjourney 可以帮助设计师生成各种风格的室内设计，如现代简约风格、田园风格和工业风格等。

（8）景观设计：像公园、花园、户外空间那般，Midjourney 都能生成具有艺术感的景观设计图。

（9）海报设计：Midjourney 可以根据活动的主题和要求生成具有吸引力的海报。

（10）包装设计：无论是食品包装、电子产品包装还是化妆品包装，Midjourney 都能生成别具一格的包装设计。

（11）书籍封面设计：Midjourney 可以帮助图书装帧师设计出风格各异的书籍封面，以增加书籍的售卖吸引力。

（12）UI 设计：Midjourney 可以根据需求生成风格统一、美观实用的用户界面，以提高用户的使用体验。

（13）服装设计：Midjourney 可以按照设计师要求，生成各种服装设计稿，帮助设计师提前预览服装的效果。

总体来说，Midjourney 能够满足各种设计需求，并不局限于上述设计领域。这将大大提高设计师的工作效率，同时也为非设计专业的用户提供了一种便捷的创作方式。

4.1 Logo 设计

扫一扫 看视频

Logo 源自英文词汇 Logotype（标识），主要作为商业标志使用。通过创新且独特的 Logo 设计，可以让用户轻松地记住公司的核心价值和品牌文化，从而为公司或品牌塑造特有的形象。

Logo 的主要使命是创造深刻的印象。作为公司的视觉标识，一个精心设计的 Logo 能够塑造强烈的品牌认同感，并在客户心中留下难以磨灭的记忆。因此，在设计 Logo 的过程中，这应该成为主要关注点和指导原则。

本节将探讨如何运用 Midjourney 绘图工具设计出准确传达公司理念和价值观的 Logo。

在设计 Logo 时，把握以下几个设计原则至关重要：

（1）**凸显品牌价值。** Logo 的设计应表达出品牌的特性和价值观，成为品牌的独特标识。它应使用户能够识别出品牌的特质、风格和情感寓意，因此，Logo 的设计必须独具一格、新颖且富有创意，以凸显品牌的价值和魅力。例如，如果品牌定位为年轻和活力四射，那么 Logo 应该富有活力且具有创新性；如果品牌定位为高端或奢华，那么 Logo 应该表现出高贵和优雅。

（2）**易于记忆。** Logo 需要在人们的心中留下深刻印象，要让人们在第一次看到后便能记住。这样，每当人们再次看到 Logo 时，便能立刻认出其代表的公司或品牌。

（3）**持久耐用。**优秀的 Logo 设计应是持久耐用且经得起时间考验的，而不仅仅是迎合当前的设计趋势。品牌标识并不常更换，所以其设计需要具有前瞻性和持久性。

（4）**简洁明了。** Logo 是一种视觉语言，需要在一瞬间产生效果，其设计应简洁、明了、醒目，避免设计得过于复杂或含义过深。一个好的 Logo 应该是简洁且直接的，要让用户能够迅速理解和记住。

（5）**广泛适用。** Logo 应在各种媒体、尺寸和背景上都能有效使用。无论是在商业名片上，还是在户外广告牌上，Logo 都应保持一致的出色效果。

（6）**适应性强。**优秀的 Logo 应能适应不同的场景，包括不同的颜色、背景、尺寸等。无论是黑白打印，还是彩色显示，Logo 都应清晰地展现其特点。

（7）**独一无二。**Logo 应该是独特的，不能与其他品牌的 Logo 产生混淆或过于相似。因此，设计师需要进行充足的市场调研，以确保 Logo 的原创性和独特性。

设计 Logo 是一项复杂的任务，需要深入理解品牌，需要具有创新思维以及精细的设计技巧。利用 Midjourney 的 AI 设计工具，可以显著降低设计师的工作负担。设计师只需将需求转化为提示词，然后不断调整并优化提示词来迭代和完善 Logo 设计，从而创造出一个令人满意的 Logo。以下是使用 Midjourney 设计 Logo 的基本流程。

（1）**理解并转化需求。**理解品牌的定位、品牌文化以及客户期望的 Logo 风格，才能将这些信息转化为提示词。

（2）**生成初稿。**在 Midjourney 中输入提示词，如"设计一个简洁、现代的 Logo，主色为蓝，图案元素包含山和河"，接着，Midjourney 将根据提示词生成一系列图像，从中挑选出最符合心意的设计作为初稿。

（3）**优化设计。**基于生成的初稿逐步优化提示词，以生成更为精细的 Logo，这可能涉及调整颜色、形状或元素位置等细节。在这个过程中，需要进行多次提示词迭代并生成多个版本的 Logo。

（4）**反馈修改。**如果为客户设计 Logo，可以将生成的 Logo 展示给客户，并根据客户的反馈调整提示词。在客户满意的情况下，提供适应各种使用场景（如网站、印刷品、社交媒体等）的 Logo 文件格式。

注意： 这个流程只是一个基本指南，实际使用 Midjourney 设计 Logo 的过程会有所不同。关键的一点是，Midjourney 是一个绘画工具，Logo 设计的最终效果取决于对需求的理解以及设计理念。

设计 Logo 时可以直接模仿知名 Logo 设计师的设计风格，只需在提示词中添加"By 设计师英文名字"或者"in the style of 设计师英文名字"即可，以下是一些传奇设计师：

（1）保罗·兰德（Paul Rand）：IBM 和 ABC 徽标的设计师。

（2）科达尔（Ruth Kedar）：谷歌标志的设计师。

（3）罗布·詹诺夫（Rob Janoff）：苹果标志的设计师。

（4）沙吉·哈维夫（Sagi Haviv）：美国网球公开赛标志的设计者。

（5）朗涛（Walter Landor）：Fedex 标志的设计师。

（6）梅顿·戈拉瑟 Milton Glaser："I love new york"的图标设计师。

一般而言，Logo 可以分为以下 5 种主要类型。

1. 字母 Logo

字母 Logo（lettermark Logo）是 Logo 设计的常见类型之一，主要以一个或多个字母为主体，从而构建出品牌的视觉识别标识。这些字母通常来自公司名称、品牌名称的首字母缩写。字母 Logo 以其简约清晰、易于记忆的特性在众多行业和公司中得到了广泛使用。

字母 Logo 的设计形式多样，可以只由一个字母构成，也可以由多个字母组合而成。

例如，麦当劳（McDonald's）以 M 作为其 Logo，而 IBM（international business machines corporation）则将公司名称的首字母缩写 IBM 作为其 Logo。字母 Logo 的经典案例如图 4.1 所示。

图 4.1　facebook、特斯拉与 IBM 的 Logo

在设计字母 Logo 时，设计师经常通过运用独特的字体、色彩和形状表达和传递品牌的独特属性和价值观。此外，一些设计师会巧妙地将字母与其他图形元素相融合，以创造出更为丰富、有趣且能吸引人的设计效果。

在撰写字母 Logo 提示词时，必须包含关键词 lettermark 和 Logo 以及字母、风格描述等内容。

字母田 Logo 提示词构成如下：

（1）Logo 类型：lettermark。

（2）Logo 图形描述：纯字母，可以按需加上喜欢的字体。

（3）风格：矢量简洁（vector simple minimal）。

以字母 A 为例，根据上述特性撰写提示词，生成的效果图如图 4.2 所示。

Prompt：letter A logo, lettermark, typography, vector simple minimal

提示词：字母 A Logo，字母标记，排版，矢量简洁

以字母 H 和 M 为例撰写提示词，生成的效果图如图 4.3 所示。

Prompt：minimalistic logo with letter H and M, lettermark, simple, 2D

提示词：字母 H 和 M Logo，字母标记，简洁，2D

图 4.2　字母 A 的 Logo　　　　图 4.3　字母 H 和 M 的 Logo

使用 Steff Geissbuhler 风格设计字母 M 的 Logo 的效果图如图 4.4 所示。

Prompt： letter M logo, lettermark, simple, by Steff Geissbuhler

提示词： 字母 MLogo，字母标记，简单，由 Steff Geissbuhler 设计

图 4.4　Steff Geissbuhler 风格的字母 M 的 Logo

2. 图案 / 品牌 Logo

图案 / 品牌 Logo（graphic Logo）主要以实物或符号为图标，用以反映品牌身份或公司业务性质的设计。

例如，苹果公司的 Logo 是以一颗苹果为图案，Twitter 的 Logo 是一只小鸟，YouTube 使用了播放按钮的图形，Midjourney 的 Logo 是以一艘帆船为形象，而 Target 则选用了靶心作为 Logo 的图案。这类 Logo 设计形式适合于希望公

众能明确理解其业务性质的初创公司，如图 4.5 所示。

图 4.5　苹果、Twitter 与 Midjourney 的 Logo

图案 / 品牌 Logo 提示词构成如下：

（1）Logo 类型：graphic logo。

（2）Logo 图形描述：具体物体的描述。

（3）风格：多为扁平化设计（flat），多为矢量图形（vector graphic），简洁（simple minimal）。

以鱼为例撰写提示词，生成的效果图如图 4.6 所示。

Prompt：vector graphic logo of fish, simple minimal，－－no realistic photo details

提示词：鱼的矢量图形 Logo，简单简约，没有逼真的照片细节

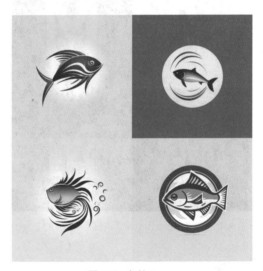

图 4.6　鱼的 Logo

罗布·詹诺夫（Rob Janoff）是苹果 Logo 的设计师，若想一款和他设计的 Logo 风格接近的 Logo，可以在提示词中添加 by Rob Janoff 或 in style of Rob Janoff，具体效果如图 4.7 所示。

Prompt：vector graphic logo of fish, simple minimal, by Rob Janoff, －－no realistic photo details

提示词: 鱼的矢量图形 Logo, 简单简约, Rob Janoff 风格, 没有逼真的照片细节

图 4.7 Rob Janoff 风格的鱼的 Logo

3. 抽象 Logo

抽象 Logo (geometric Logo)以抽象且不直观的图像表达品牌特性和理念。这类 Logo 的设计要求细致入微, 旨在塑造一种深刻反映品牌核心理念且引发观者深思的视觉符号。

例如, 耐克的钩形标志、百事可乐的红白蓝色波浪形象以及万事达信用卡的红橙交叉圆形 (图 4.8), 这些 Logo 并未直接描绘任何具体的物品, 而是通过其独特的设计传递品牌的个性和理念, 使人一看到 Logo 便能立即联想到对应的品牌。

图 4.8 耐克、百事可乐与万事达信用卡的 Logo

抽象 Logo 虽仅采用图形元素, 但创作的玩法丰富多样, 如图形的循环重复或渐变色等手法。

循环重复的设计策略在视觉上能创造出难以忘却的节奏感。通过相同或类似图形的重复、旋转、倾斜, 不仅能增添 Logo 的视觉复杂性, 更能产生强烈的视

觉冲击力和表现力。例如，奥林匹克标志的设计就巧妙地利用了图形的循环重复，5 个环形象征 5 个洲，将 5 个环形有机地结合在一起构成了具有全球影响力的 Logo。

　　色彩设计中使用渐变色则是一种巧妙的运用。通过色彩的过渡营造出独特的视觉效果，使 Logo 的色彩更加丰富多彩。例如，Instagram 的 Logo 就巧妙地应用了色彩渐变，使 Logo 展示出斑斓的色彩，充满了独特魅力。

　　抽象 Logo 的提示词构成如下：

　　（1）Logo 类型：geometric Logo。

　　（2）Logo 图形描述：旋转重复 (radial repeating)、浪的形状 (curved wave shape)、蓝绿渐变（blue green gradient）。

　　（3）风格：简洁（simple minimal）。

　　以花瓣为例采用旋转重复方式撰写提示词，生成的效果图如图 4.9 所示。

　　Prompt：flat geometric vector graphic logo of petal, radial repeating, simple minimal

　　提示词：花瓣的平面几何矢量图形 Logo，径向重复，简单简约

图 4.9　花瓣旋转重复 Logo

　　以彩虹为例，采用红、黄、蓝渐变色方式撰写提示词，生成的效果图如图 4.10 所示。

　　Prompt：geometric logo of rainbow, half round, red yellow blue gradient , simple minimal

　　提示词：彩虹抽象 Logo，半圆形，红、黄、蓝渐变，简单简约

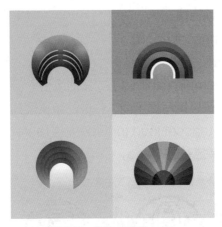

图 4.10　渐变色彩虹 Logo

4. 吉祥物 Logo

吉祥物 Logo（mascot Logo）借助鲜明的角色形象作为标志，这个角色不仅代表了品牌形象，更通过其特性与消费者建立情感联系。这类 Logo 通常拥有极高的亲和力和识别度，使品牌在市场竞争中脱颖而出。

例如，法国知名服装品牌 Lacoste 的 Logo 是一只很特别的小鳄鱼。这只小鳄鱼设计简洁、醒目，给人们留下深刻的印象，同时也容易与品牌的名称和产品联系起来，让人们一眼看到这个 Logo 就能立刻想到 Lacoste，如图 4.11（a）所示。

同样，米其林轮胎的 Logo 是一位别具一格的吉祥物——轮胎人。这个形象诙谐且平易近人，不仅让人们对米其林轮胎有了深刻的印象，也使米其林在轮胎行业中独树一帜，如图 4.11（b）所示。

Nando's 烤鸡的 Logo 是一只色彩鲜艳的公鸡，该 Logo 直接揭示了 Nando's 的主打产品——烤鸡，同时其丰富的色彩和活力四射的形象，也吸引了大量的年轻消费者，如图 4.11（c）所示。

总之，吉祥物 Logo 通过一个易于识别和记忆的角色形象有效地传达了品牌信息，缩短了与消费者的距离，从而增强了品牌竞争力。

（a）Lacoste 的 Logo　　　　　（b）米其林轮胎的 Logo　　　　（c）Nando's 烤鸡的 Logo

图 4.11　品牌 Logo 图

吉祥物 Logo 提示词构成：

（1）Logo 类型：mascot Logo。

（2）Logo 图形描述：具体物体。

（3）风格：简洁（simple minimal）或其他风格。

以面馆为例采用中国风撰写提示词，生成的效果图如图 4.12 所示。

Prompt：Simple mascot logo for Noodles restaurant, Chinese style

提示词：面馆的简单吉祥物 Logo，中国风

图 4.12　面馆吉祥物 Logo

为乳业公司设计吉祥物 Logo，撰写提示词，生成的效果图如图 4.13 所示。

Prompt：mascot logo for milk company, simple minimal

提示词：乳业公司的吉祥物 Logo，简洁简约

图 4.13　乳业公司吉祥物 Logo

5. 徽章 Logo

徽章 Logo（emblem Logo）又称盾形 Logo，它是一种具有经典和权威感觉的 Logo，常被用于彰显公司或组织的正规性和传统价值。这类 Logo 通常包含了象征物、格言、成立年份等充满深意的元素，充分展示出公司或组织的历史、价值观和理念。因此，学校、政府机构、体育俱乐部和汽车公司等都倾向于选择徽章 Logo。

例如，星巴克的 Logo 便是一款极为成功的徽章 Logo 设计。它以一个海妖为图案，将公司名称环绕其周围构成一个完整的徽章，如图 4.14（a）所示。该设计不仅凸显了星巴克的品牌名称，还通过神秘的海妖图案表达出其对咖啡文化的独特理解和追求。

同样，摩托车品牌哈雷·戴维森的 Logo 也采用了徽章样式设计。在一个盾形的标识中巧妙地融入了哈雷·戴维森的品牌名称和建立年份，展示出品牌的深厚历史底蕴和荣誉，如图 4.14（b）所示。

如果想在 Midjourney 平台上设计徽章 Logo，只需将 Logo 类型设置为 emblem，便可以开始徽章 Logo 设计。徽章 Logo 通常采用盾牌形状（源自 900 年前骑士们在盾牌上展示他们的徽章的传统）。在设计过程中，可以根据需要选择合适的风格，如复古风（vintage），这种风格与徽章 Logo 的气质十分吻合，能让 Logo 设计更具魅力和感染力。

（a）　　　　　　　　　　　　　　（b）

图 4.14　星巴克和摩托车品牌哈雷·戴维森的 Logo

下面为重庆火锅店设计 Logo，效果如图 4.15 所示。

Prompt : emblem logo for a Chongqing Hotpot, simple minimal

提示词: 重庆火锅店徽章 Logo，简洁简约

图 4.15　重庆火锅店徽章 Logo

加入复古风格，撰写提示词，生成的效果图如图 4.16 所示。

Prompt：emblem logo for a Chongqing Hotpot, vintage, simple minimal

提示词：重庆火锅店徽章 Logo，复古风格，简洁简约

图 4.16　具有复古风格的重庆火锅店徽章 Logo

为大学设计徽章 Logo，撰写提示词，生成的效果图如图 4.17 所示。

Prompt：emblem logo for university with an opening book, vintage style, Simple

提示词：大学徽章 Logo，带有一本书，复古风格，简洁

图 4.17　大学徽章 Logo

4.2　头像制作

在 Midjourney 平台上，用户可以轻松地创建出具有个性化的头像。无论想要实际人物的肖像、卡通形象、抽象艺术，或是其他任何风格，Midjourney 都能实现。

扫一扫　看视频

在制作头像时，一个重要的问题是如何确保生成的头像与原图相似度比较高。以下提供了一些评价头像相似度高低的参考标准：

（1）关注人脸的主要特征。例如，如果描绘的人正在展示特定的表情，如露齿笑，那么在生成的头像中保持这表情的一致性将大大提升头像的相似度。同样，如果描绘的人具有特定的面部特征，如长脸或瓜子脸等，这些特征也应得到重视。

（2）尽可能保持与人物动作的一致性。如果生成的头像中人物的动作与原图一致，则会感觉生成的图像更像原图。因此，力求在动作的再现上保持一致性是非常重要的。

（3）要关注其他的细节，如衣服和配饰。虽然无法做到完全相同，但是如果能在颜色和风格上保持一致则更好。

（4）需要明确的是，Midjourney 并不能保证每一个细节都能还原，让生成的图像完全与原图一致。但是，如果能遵循以上标准，那么生成的图像的相似度将会大大提高。

　　若想让 Midjourney 平台生成的头像更满意，需要做好两方面的准备，即上传高清晰度的原图和精细编写提示语。

　　（1）上传高质量的原图。清晰、光线适宜的照片可以更好地辅助生成满意的结果。因此，选择一张适合的照片是至关重要的。推荐的照片类型包括：

　　1）纯色背景的证件照、专业的摄影馆照片、艺术照等。

　　2）光线适宜、清晰自然的生活照，如高清自拍照。

　　3）单人或双人照片优选，由于过多的人物可能会给 Midjourney 机器人造成处理困难，导致生成效果不理想。

　　（2）在精细编写提示语时，应按照以下提示进行：

　　1）类型：明确添加 portrait（肖像）或 avatar（头像）关键词，以指示 Midjourney 机器人生成的是头像类型。

　　2）主体描述：如果必要，可在此处添加描述目标头像的词汇，如性别、外貌、发型、配饰（如眼镜、耳环等）及表情等。务必选择显著的特征进行描述，只要这些特征准确，生成的图片的相似度就会有所保障。

　　3）背景描述：选择白底背景或添加一些实际场景，如餐厅等，使头像更具生活气息。

　　4）镜头：可依据个人喜好选择使用，如在拍摄人像时可使用 soft focus（柔焦）关键词。

　　5）风格：这是关键所在。可根据个人偏好设定肖像风格，如 "3D render, Pixar style（3D 渲染，皮克斯风格）""anime, Studio Ghibli（动漫，吉卜力风格）""Cyberpunk, by Josan Gonzalez（赛博朋克风格，由 Josan Gonzalez 创作）"等。

　　6）参数："--s 600 --iw 2"，这两个参数在头像制作过程中至关重要。需要注意的是，参数应以空格分隔。其中，S 值代表图片细节的创新程度，为了创建卡通风格的头像，S 值建议设置在 500 ~ 700。至于 iw 值，建议从 2 开始逐渐减小，此值表示生成图片时对原始图像的参考程度，逐渐调低 iw 值并观察生成的图片效果，从中选取最适合的参数值。在对特定图片进行连续修改时，有时也会使用 seed 参数。

　　在这个过程中，可以多次试验和调整，找到适合需求的头像生成策略。每一次调整都可能带来新的和令人惊喜的效果，这也是创作的乐趣之一。通过不断尝试和调整，最终会获得一款与众不同、满足需求的个性化头像。

　　下面以笔者中学时代的照片（图 4.18）为基础，生成不同风格的头像。照片上传后，地址如下：

https://cdn.discordapp.com/attachments/1117063859698667541/112
3931447770742824/9aa4220d2045bbad.png

图 4.18　笔者中学时代的照片

1. 3D 卡通头像

生成 3D 卡通头像，需要在提示词中加入关键词 3D render，如果想要皮克斯风格，还需要加入关键词 Pixar style，提示词如下，生成的效果图如图 4.19 所示。

Prompt：https://cdn.discordapp.com/attachments/111706385969866
7541/1123931447770742824/9aa4220d2045bbad.png

avatar, 3D render, Pixar style --s 600 --iw 2

提示词：头像，3D 渲染，皮克斯风格 --s 600 --iw 2

加入主体描述部分，让笔者微笑，在提示词中加入 smile 关键词，生成的头像如图 4.20 所示。

图 4.19　皮克斯风格的笔者头像　　　　图 4.20　皮克斯风格的笔者微笑头像

2. 动漫风格头像

与 3D 卡通头像一样，动漫风格头像主要用于修改图像风格。继续保持微笑，将提示词中的风格改为 "anime, Studio Ghibli（动漫，吉卜力风格）"，提示词如下，生成的效果图如图 4.21 所示。

Prompt： https://cdn.discordapp.com/attachments/111706385969866
7541/1123931447770742824/9aa4220d2045bbad.png
avatar, smile, anime, Studio Ghibli style --s 600 --iw 2
提示词： 头像，微笑，动漫，吉卜力工作室风格 --s 600 --iw 2

图 4.21　吉卜力风格的笔者微笑头像

3. 赛博朋克头像

修改提示词，将风格改为赛博朋克风格；添加主体描述：带墨镜的赛博朋克机器人脸，全息赛博朋克服装；添加背景：霓虹灯城市景观背景；修改参数 iw 为
1。生成的效果图如图 4.22 所示。

图 4.22　赛博朋克风格的笔者头像

Prompt：https://cdn.discordapp.com/attachments/1117063859698667541/1123931447770742824/9aa4220d2045bbad.png

avatar, cyberpunk robot face with sunglasses, holographic cyberpunk clothing, neon-lit cityscape background , Cyberpunk, by Josan Gonzalez --s 600 --iw 1

提示词：头像，带墨镜的赛博朋克机器人脸，全息赛博朋克服装，霓虹灯城市景观背景，赛博朋克，Josan Gonzalez --s 600-iw 1

除了上述几种风格，还有更多丰富多样的头像风格值得选择和探索。例如，Pixiv 风格以其日系动漫的特色吸引了大量的粉丝；Chibi 风格以超乎寻常的可爱、Q 萌特点让人眼前一亮。另外，Shinkai 风格则代表了日本著名动画导演新海诚的独特艺术风格。每种风格都有自己独特的魅力和表现力，用户可在探索和实践的过程中找到最符合自己个性的风格。

4.3　游戏素材创作

Midjourney 在游戏设计领域中具有广泛的应用，它能够作为游戏原画师的得力助手，帮助他们有效地设计和创作各种游戏元素。据有关数据显示，使用 Midjourney 进行游戏元素的设计和制作可以帮助设计师节约至少 70% 的时间。

扫一扫　看视频

在人物角色设计方面，Midjourney 提供广泛且多样化的角色造型，无论是主角、配角，还是 NPC，Midjourney 都能依照原画师的创意需求进行生成。此外，它也能提供各种独特且丰富的怪物设计，无论是地狱恶魔、海洋生物，还是未知的外星生物，Midjourney 都能快速生成，为游戏世界注入更多可能性。

在游戏道具和服装设计方面，Midjourney 表现出了强大的实力，它可以根据设计师的指示生成各种武器、服装和饰品等装备。无论是现代风格，还是古典风格，Midjourney 都能轻松应对，其为角色和游戏世界赋予了更丰富的细节。

在游戏场景方面，Midjourney 也能够根据原画师的需求，生成各种风格的建筑物，如古典的城堡、现代的高楼大厦和神秘的神殿等。同时，它也可以创造各种环境元素，如森林、海洋、沙漠和山脉等，助力设计师打造出丰富多样的游戏世界。

1. 游戏分类

游戏可以根据视觉呈现的维度被分为二维游戏和三维游戏。

二维游戏又称 2D 游戏或像素游戏，以二维平面图像表现游戏画面效果。它们的特点包括鲜明的轮廓线、醒目的色彩，以及由像素构成的特有画面风格，给人一种经典复古的感觉。像《超级马里奥》和《地狱边境》这样的经典 2D 横版游戏，由于其配置要求低且操作简洁，玩家更容易上手，因此广受玩家欢迎。

相较于二维游戏，三维游戏又称 3D 游戏，为玩家提供了一个包含 3 个维度的虚拟空间。这类游戏允许玩家在三维空间中操控角色，并从各种角度观察游戏世界。这种立体的视觉体验使 3D 游戏（如 *CS Go*、《魔兽世界》）等在现代游戏界占据了主导地位。由于 3D 游戏能提供更丰富、更真实的游戏体验，因此玩家群体中收获了更广泛的认同和喜爱。

2. 像素游戏

像素游戏强调的是轮廓清晰、色彩鲜明，巧妙地利用像素元素构造出具有特色的画面风格。通常，其造型融入了大量卡通元素，营造出一种愉悦而富有亲和力的游戏氛围。像素风格的游戏仿佛是 Q 版风格与涂鸦艺术的精妙融合，给用户带来既怀旧又独特的游戏体验。

像素游戏按照像素高低又分为 8-bit、16-bit、24-bit 和 32-bit。

要制作像素游戏元素，需要撰写清晰明确的提示词，提示词应该由以下部分构成。

（1）像素游戏类型：8-bit pixel art、16-bit pixel art、24-bit pixel art 或 32-bit pixel art。这是最重要的关键词。

（2）人 / 事物 / 场景描述：描述画面的人 / 事物 / 场景。

（3）画风：模仿什么样的游戏风格或者哪个年代的游戏。

综上，提示词基本结构为 8/16/24/32 pixel art+ 人 / 事物 / 场景描述 + style of 像素风格游戏名称（+ 游戏年代）。

使用 V5.1 模型，根据不同像素提示词生成图像，如图 4.23 ～图 4.25 所示。

Prompt：8-bit pixel art, island in the clouds, sytle of Zelda

提示词：8 位像素，天空之岛，塞尔达风格

图 4.23　8 位像素的天空之岛

Prompt : 16-bit pixel art, cozy cafe
提示词: 16 位像素，好兹餐厅

图 4.24　16 位像素的好兹餐厅

Prompt : 32-bit pixel art,New York street in the rain, neon signs, 2060
提示词: 32 位像素，下雨的纽约街头，霓虹招牌，2060

图 4.25　32 位的下雨的纽约街头

通过观察图 4.23～图 4.25，从中可以发现，随着像素值的提升，游戏图像的颗粒感逐步减轻。当像素值达到 32 位时，图像变得清晰细腻。如果想探索更高级别的像素，如 64 位等，完全可以尝试，这将带来更为流畅且精细的视觉效果。

3. 3D 游戏

3D 游戏是借助空间立体计算技术构造和展现游戏世界的一种游戏形式。从编程实现的角度来看，3D 游戏中的基本模型（如角色、场景和地形）都是基于三维立体模型进行制作的，而角色的控制依赖于空间立体编写算法。因此，通常将那些在三维空间中进行自由操作和体验的游戏称为 3D 游戏。

在 3D 游戏开发过程中，Midjourney 可以作为一种重要的辅助工具。它有助于开发者快速地创建和完善游戏角色、场景、建筑、怪物和道具等各类 3D 元素。

Midjourney 能够生成符合不同风格和主题的 3D 模型，通过设定关键词或简要描述，如"中世纪骑士""赛博朋克风格的城市""可爱风格的小猪"等，生成对应的 3D 模型。这大大简化了 3D 模型的创作过程，为游戏设计师节省了时间和精力。

Midjourney 也能够协助游戏开发者对现有的 3D 模型进行修改和优化。例如，如果希望改变角色的服装颜色，或者使一座建筑看起来更加破旧，只需提供相应的提示词即可完成这些任务。

　　Midjourney 还能够帮助游戏开发者生成风格一致的游戏元素。例如，如果正在制作一款具有特定风格（如日式动漫风格）的游戏，Midjourney 可以确保游戏中的所有元素都符合这一风格。

　　总体来说，Midjourney 在 3D 游戏开发中的应用，不仅能提升工作效率，而且能帮助开发者实现更多元和更丰富的创意。

　　使用 Midjourney 生成 3D 游戏元素，提示词的基本结构如下：

　　blender 3D+ **主体 / 背景描述 + 构图 + 风格**

　　（1）blender 3D：重要的关键词，告诉 Midjourney 机器人要生成 3D 图像。

　　（2）**主体 / 背景描述**：描述主体和背景包含的内容。

　　（3）**构图**：可选项。根据需求添加构图方式，如 isometric（等轴侧投影）。

　　（4）**风格**：可选项。为了保持画面统一，大多数情况下需要添加风格提示词，如 style of Hearthstone（炉石传说风格）、Disney style（迪士尼风格）。

　　下面使用 V5.1 模型生成一些 3D 游戏元素示例。

　　（1）图 4.26 所示是游戏人物效果图。

图 4.26　3D 孙悟空

　　Prompt：blender 3D, Sun Wukong, isometric, cute mobile game style, Hyper Realistic, cinema lighting

　　提示词：3D，孙悟空，等距，可爱的手机游戏风格，超现实主义，电影般的灯光

（2）图 4.27 所示是游戏道具效果图。

Prompt：blender 3D,Various types of Magic Sticks

提示词：3D，游戏中魔法棒

图 4.27　权力游戏中的各种魔法棒

（3）图 4.28 所示是游戏场景效果图。

图 4.28　权力游戏中的君临城

Prompt : blender 3D, King's Landing in the Game of Power, style of Telltale Games

提示词: 3D，权力游戏中的君临城，Telltale 游戏风格

4. 场景设定图和人物设定图

Midjourney 也适用于游戏开发中的场景设定图和人物设定图的创建。

场景设定图是游戏开发中关键的一步。通过场景设定图，游戏设计师可以详尽地描绘出游戏世界的环境，包含地形、气候、建筑物和植被等要素。Midjourney 可以简化这个过程，只需输入关键词或描述，如"繁华的城市""荒芜的戈壁""神秘的森林"等，Midjourney 就能生成相应的场景设定图。这些图像不仅可以作为设计师的灵感来源，而且可以直接应用于游戏的可视化设计。

在人物设定图的创作中，Midjourney 也同样表现优秀。设计师只需输入一些关键词或描述，如"冷酷的赏金猎人""善良的村姑""傲慢的王子"等，Midjourney 就能生成相应的人物设定图。这些图像不仅可以帮助设计师准确地传达他们的人物设定思想，还可以为角色的 3D 模型设计提供参考。

除此之外，Midjourney 还可以根据用户的需求，生成风格统一的场景和人物设定图。例如，如果正在制作一款具有特定风格（如极简主义风格、赛博朋克风格、像素风格等）的游戏，Midjourney 能确保所有生成的设定图都符合这一风格。

总体来说，无论是在场景设定图还是人物设定图的创作上，Midjourney 都能大大提高游戏设计师的工作效率，帮助他们更快地实现自己的创新想法。

使用 Midjourney 创建设定图，提示词的基本结构如下：

concept design sheet+ 主体 / 背景描述 + 风格

（1）concept design sheet : 设定图。告诉 Midjourney 机器人要生成设定图。

（2）主体 / 背景描述: 描述主体和背景包含的内容。

（3）风格: 可选项。根据需求设定风格。

下面是一些生成设定图的示例。

（1）图 4.29 所示是人物设定图的效果图。

Prompt : concept design sheet, Cold Bounty hunter, white background

提示词: 设定图，冷酷的赏金猎人，白底

图 4.29　冷酷的赏金猎人

（2）图 4.30 所示是场景设定图的效果图。

Prompt： concept design sheet, mysterious forest

提示词： 设定图，神秘的森林

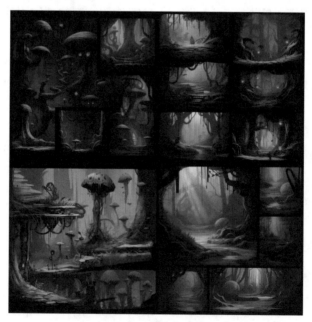

图 4.30　神秘的森林

4.4 插 画 制 作

插画又称插图，其广泛应用于各种场景中。在全球范围内，商业插画的表现形式五花八门，涵盖了出版物配图、卡通吉祥物、影视海报、游戏人物设定以及游戏内美术场景设计等多个方面。广告、漫画、绘本、贺卡、挂历、装饰画、包装设计等都是插画 扫一扫 看视频
的重要应用领域。随着互联网和移动技术的日益发展，插画的应用也进一步拓展至网络和手机平台，被用于设计虚拟商品和各类视觉应用。Midjourney 作为一款 AI 绘画工具，也可以应用于插画创作。

Midjourney 可以为插画家提供初步的插画构思。用户只需输入具有描述性的提示，如"忧郁的少年在雨中行走"或"夕阳下的田野"，Midjourney 即可生成相应的插画。这些插画可以作为插画家进一步创作的起点，节省他们寻找灵感的时间。

Midjourney 也可以协助完成插画的色彩搭配。用户可以指定他们希望的颜色主题，如"暖色调"或"冷色调"，Midjourney 根据这些指定的主题即可生成相应的插画。

Midjourney 还可以按照特定的风格生成插画。用户可以指定他们喜爱的插画风格，如"古典风""现代简约风"或"日本漫画风"，Midjourney 就能够按照这些风格生成相应的插画。该功能可以帮助插画家快速尝试新的插画风格。

综上所述，无论是在构思阶段、色彩搭配，还是风格学习方面，Midjourney 都可以为插画创作提供极大的帮助，提升创作效率。

使用 Midjourney 制作插画，提示词的基本结构如下：

画种 + 主体 / 动作 / 背景设定 + 颜色 + 风格 / 艺术家 + 万能词汇

（1）画种：插画的种类非常多，甚至可以说，除了纯艺术绘画之外的所有绘画，都可以算是插画。常见插画类型如下：

1）Illustration（插画）：在插画前面添加某个定语，就变成某种特定类型的插画，如 tech illustration（科技风插画）、botanical illustration（植物学插画）等。

2）Chinese ink painting（中国水墨画）。

3）watercolor painting（水彩画）。

4）vector art（矢量艺术图）。

5）doodle/sketch（涂鸦）。

6）charcoal drawing（素描）。

7）cartoon/comic（卡通 / 漫画）。

8）manga/anima（日本漫画 / 动画）。

9）clean coloring book page（填色插画）。

10）woodcut（木版画）。

（2）**主体 / 动作 / 背景设定**：设定画面具体呈现的内容，包括主体、动作和背景。

（3）**颜色**：填入适合画面的颜色。

（4）**风格 / 艺术家**：非常重要的关键词。这里可以选择多位艺术家，形成更加独特的风格，如 By A and B and C。

从视觉风格分类来看，插画类型主要包括扁平化、立体、写实、卡通和超现实主义等多种风格。

1）扁平化风格（flat style）：近年来比较流行的插画风格，广泛应用于互联网领域。它采用简洁的色块和几何形状塑造形象和布置画面，营造出一种抽象的平面效果。画面简洁而有概括力，一些插画师甚至会在作品中加入肌理效果，增添画面的质感。

2）立体风格（3D style）：一种表现力强烈的插画风格，包括 2.5D 和 3D 两种子风格。2.5D 通常使用 AI 软件设计，它是一种模拟 3D 视角的技术，将物体的正面、亮面和暗面以 45° 角展现出来。而 3D 通常使用 C4D 等软件设计，其画面有强烈的立体感和空间感，能够更全面地展示物体的细节。

3）写实风格（realistic style）：对描绘技巧的要求较高，它追求精确和真实地展现光影、透视、造型和立体感。这种风格的插画形象细腻丰富，画面丰满且注重细节。

4）卡通风格（cartoon style）：广泛应用于儿童读物、杂志和互联网等领域。这种风格的插画主要由轮廓线、结构线和色块构成，形象简洁而可爱，能给观众带来亲切的视觉体验。

5）超现实主义风格（surrealism style）：通常将具象实体和抽象意境巧妙地结合，构建出一种虚实交错的视觉境界。画面可能奇异甚至怪诞，不受常规限制，但却给人一种超越时间和空间的永恒感。

在提示词中添加插画师的名字，就能模仿其绘画风格，以下是一些全球知名的插画师及其画风特点：

1）诺曼·洛克威尔（Norman Rockwell）：他的作品的主要特点是精致逼

真的画面和细腻的线条，以美国文化为主题进行描绘。

2）文森特·梵高（Vincent van Gogh）：他的作品以鲜艳夸张的色彩和明显的笔触为主要特点，充满了强烈的情感表达。

3）萨尔瓦多·达利（Salvador Dali）：他的作品以超现实主义风格为主，画面充满了幻想和梦境元素。

4）古斯塔夫·克里姆特（Gustav Klimt）：他的作品以金色装饰和抽象形式为主要特点，创造出独特的艺术效果。

5）北斋（Hokusai）：他的作品以日本传统文化和绘画技法为主要特点，常用于浮世绘和山水画。

6）帕布罗·毕加索（Pablo Picasso）：他的作品以多样化的绘画风格和强烈的立体感为主要特点，常用于抽象和立体主义风格的创作。

7）爱德华·霍珀（Edward Hopper）：他的作品以现实主义风格和灰暗的色调为主要特点，深刻表现了城市生活的寂寞和孤独感。

（5）**万能词汇**：无论什么作品都会带上的词汇，如 double exposure（双重曝光）、holography（全息摄影）、cinematic lightning(电影氛围的灯光)、4K、ultra detailed（超细节）、artistic（艺术化）等。

下面使用 V5.1 模型绘制不同类型和风格的插画猫。

（1）图 4.31 所示是绘本插画猫的效果图。

Prompt：illustration, cat, by Beatrix Potter

提示词：绘本插画，猫，碧翠丝·波特（英国插画家）

图 4.31　绘本插画猫

（2）图 4.32 所示是水彩插画猫的效果图。

Prompt : watercolor painting, Cat, by Joseph Zbukvic

提示词： 水彩画，猫，约瑟夫·茨比科维奇（水彩画家）

图 4.32　水彩插画猫

（3）图 4.33 所示是 Behance 风科技插画猫的效果图。

Prompt : tech illustration, cat, style of Behance

提示词： 科技风插画，猫，Behance（著名的设计社区）风格

图 4.33　Behance 风科技插画猫

（4）图 4.34 所示是填色插画猫的效果图。

Prompt : clean coloring book page, cat, black and white

提示词: 填色插画，猫，黑白风格

图 4.34　填色插画猫

（5）图 4.35 所示是卡通风格的素描插画猫的效果图。

Prompt : charcoal drawing, cat, cartoon style

提示词: 素描插画，猫，卡通风格

图 4.35　卡通风格的素描插画猫

（6）图 4.36 所示是木板画猫的效果图。

Prompt : woodcut, cat, 3D style

提示词: 木版画，猫，3D 风格

图 4.36　木版画猫

（7）图 4.37 所示是梵高风格的猫的效果图。

Prompt : cat, by Vincent van Gogh

提示词: 猫，梵高风格

图 4.37　梵高风格的猫

（8）图 4.38 所示是超现实主义风格的猫的效果图。

Prompt：illustration, cat, surrealism style, by Salvador Dali

提示词：插画，猫，超现实主义风格，萨尔瓦多·达利（西班牙画家）

图 4.38　超现实主义风格的猫

4.5　动　漫　制　作

　　动漫是动画（animation）和漫画（comic）的合并词，不仅在其发源地——日本深受欢迎，在全球范围内同样备受喜爱。无论是精彩的动画电影、引人入胜的电视连续剧，还是精美的漫画图书，动漫以其独特的艺术形式、吸引人的剧情和丰富多彩的角色设计，赢得了全球各年龄段观众的喜爱。并且，随着科技的发展，动漫的表现形式和创作手法也在不断创新，给人们带来了丰富的视觉体验。

扫一扫　看视频

　　其中，Midjourney 与 Spellbrush 联合开发的 Niji 模型为动漫创作带来了全新的可能性。这款模型专注于生成动漫和插画风格的图像，并借助 AI 的力量使创作流程更为便捷，同时也能帮助创作者实现更多独特的视觉表达。Niji 模型对动漫艺术深入理解和应用的特性为动漫创作开辟了全新的视角和可能性。

　　目前，Niji 模型有两个版本：V4 模型和 V5 模型。使用 Niji5 模型时，生成的内容默认都具有 Anime 风格特征（图 4.39），本节内容均以 Niji5 模型为基础进行介绍。还可以在指示词部分添加具体的国家、年代、动漫艺术家或动漫风格，从而使作品具有更多个性化元素。据统计，Midjourney 能够支持 120 种以上的动漫风格，为创作提供更丰富的内容。

图 4.39　设置为 Niji version 5

动漫提示词结构如下：

内容描述 + 动漫风格 + 动漫艺术家 + 国家 + 年代 + 参数

1. 常见动漫风格

（1）漫威漫画（Marvel Comics）：全球领先的漫画出版社之一，其特点是创造了一个内部的"漫威宇宙"，所有角色和故事都在这个宇宙中发展，彼此之间有着交叉和关联。漫威的超级英雄角色不仅拥有超能力，而且具有强烈的人性化特质，同时面临各种烦恼和问题，使角色更具深度。漫威故事道德观引导读者探讨正义、邪恶、权力与责任等主题。同时，漫威作品强烈反映社会问题，如种族、性别平等和政治议题。艺术上，漫威漫画风格注重细节描绘，场景大胆、动作夸张、色彩鲜艳。此外，漫威漫画经常设定超级英雄群战场面以及丰富的副线故事和角色背景，进一步丰富了故事的内容和深度。

（2）DC 漫画（Detective Comics）：全球知名的漫画出版社之一，其特点体现在 DC 的超级英雄经常被描绘为具有神一般的超能力和崇高的道德标准，他们的存在超越了普通人的生活，更像是神话般的象征。DC 漫画经常探讨的主题包括正义、荣誉和牺牲。同时，DC 的故事常常含有严肃、悲剧色彩，提出深刻的社会和道德问题。在艺术风格上，DC 漫画常常采用较为现实和细腻的画风，色调较为沉稳，画面结构注重空间感和深度感。此外，DC 也善于创造宏大的叙事和广阔的历史背景，让读者深入其角色和故事。

（3）迷你人物动漫风格（Chibi anime style）：一种以迷卡通形式绘制角色的独特风格，尤其在日本动漫和卡通迷中颇受欢迎。其特点是人物比例被缩小并卡通化，头部通常显得比实际比例大许多，人物描绘简洁，动态效果通常通过快速的动作短暂传递。

（4）学院动漫风格（Gakuen anime style）：一种在日本动漫中常见的风格，主要描绘高中校园生活。这类作品通常围绕学生会、文化节、友情、竞争等校园主题展开，人物设定通常为 16 ~ 18 岁的学生。

（5）剧情动漫风格（Gekiga anime style）：一种表现力强烈的风格，通常描绘社会问题、人生哲理等成人主题。以黑灰色为主色调，图像表现力强，人物表情和动作更加真实。

（6）J 恐怖动漫风格（J Horror anime style）：该风格的作品通常涉及灵异、鬼怪、妖怪等超自然力量，是以恐怖为主题的日本动漫风格。

（7）现代剧动漫风格（Jidaimono anime style）：一种历史剧的日本动漫风格，主要描绘古代日本的历史和文化背景。战争、家族斗争、忍者、神话传说等元素常见于此类作品中。

（8）可爱动漫风格（Kawaii anime style）：一种尽可能地描绘出可爱元素的动漫风格，主要特点为颜色鲜艳、线条圆润和表情夸张。

（9）机甲动漫风格（Mecha anime style）：以机器人为主题的日本动漫风格，经常展现出大型机器、机甲战争等元素，科幻设定、大规模战斗等元素和动态的战斗场面也常见于此类作品中。

（10）写实动漫风格（Realistic anime style）：一种真实主义的日本动漫风格，角色形象和剧情尽可能地接近现实。人物形象和环境场景细节丰富，能够深入刻画真实的情感世界。

（11）半写实动漫风格（Semi-Realistic anime style）：一种介于真实主义动漫风格和一般动漫风格之间的风格。它相对真实，但仍然保留了一定的动漫特色。

（12）动漫风格（Shoji anime style）：由日本漫画家小学馆长根据其职业生涯逐渐发展出来的。这种风格的作品通常以单个人物或小团体的故事为主线，其特点是画面明亮、色彩协调，人物表情和行为经常被夸大以达到搞笑效果，剧情通常简洁易懂。

（13）兽耳动漫风格（Kemonomimi anime style）：一种以人类或近似人类形象为主，但又带有动物耳朵和尾巴等特征的日本动漫风格。这种风格的作品和少女漫画(girls' manga)、少年漫画(boys' manga) 等都有一定的联系。

下面是一些动漫风格图像的示例。

（1）图 4.40 所示是漫威漫画风格的效果图。

Prompt : Spider-Man, Marvel Comics style

提示词： 蜘蛛侠，漫威漫画风格

图 4.40　蜘蛛侠

（2）图 4.41 所示是 Chibi 动漫风格的效果图。

Prompt： a girl in traditional Japanese clothing, Chibi anime style

提示词： 一个穿着日本传统服装的女孩，Chibi 动漫风格

图 4.41　Chibi 动漫风格的日本女孩

2. 动漫艺术家

在使用 Midjourney 创作动漫内容时，简易而有效的策略就是在提示词中融入一位动漫艺术家的名字。下面是一些伟大的动漫艺术家和他们的代表作：

（1）Will Eisner，*The Shining Hero*（威尔·艾斯纳，《闪灵侠》）。

（2）Jack Kirby，*Captain America*（杰克·科比，《美国队长》）。

（3）Jean Giraud，*The Fifth Element*（让·纪劳，《第五元素》）。

（4）Hayao Miyazaki，Co-founder of Studio Ghibli（宫崎骏，吉卜力工作室的共同创始人）。

（5）Eiichiro Oda，*One Piece*（尾田荣一郎，《海贼王》）。

（6）Naoko Takeuchi，*Sailor Moon*（竹内直子，《美少女战士》）。

（7）Takehiko Inoue，*Slam Dunk*（井上雄彦，《灌篮高手》）。

（8）Hisashi Hirai，*Gundam*（平井恒，《高达》）。

（9）Norio Matsumoto，*Hunter*（松本则夫，《猎人》）。

（10）Hiroshi Fujimoto，*Doraemon*（藤子·F·不二雄，《哆啦A梦》）。

（11）Yoh Yoshinari，*Evangelion*（吉成曜，《新世纪福音战士》）。

（12）Momoko Sakura，*Chibi Maruko-chan*（佐仓桃子，《樱桃小丸子》）。

图 4.42 和图 4.43 所示是在提示词中融入一位动漫艺术家风格后的示例效果图。

Prompt：Iron Man, by Will Eisner

提示词：钢铁侠，威尔·艾斯纳

图 4.42　威尔·艾斯纳风格的钢铁侠　　　图 4.43　宫崎骏风格的樱桃小丸子

Prompt：Chibi Maruk, by Hayao Miyazaki

提示词：樱桃小丸子，宫崎骏

3. 复古动漫风格

想要创造出复古的动漫风格，则在 Midjourney 的提示词中添加以下几个关键词:"1970s anime(20 世纪 70 年代动漫)""1980s anime(20 世纪 80 年代动漫)""1990s anime(20 世纪 90 年代动漫)""retro anime"(复古动漫)""retro anime screencap(复古动漫截图)",这些特定的风格描述会引导 Midjourney 生成具有复古动漫风格的图像。

图 4.44 所示是生成复古动漫风格的示例效果图。

图 4.44   20 世纪 80 年代的男孩和女孩在喝咖啡

Prompt : 1980s anime, a girl and a boy are drinking coffee at a coffeeshop, retro fashion, muted pastel colors, by Naoko Takeuchi

提示词: 20 世纪 80 年代的动漫,一个女孩和一个男孩在咖啡馆喝咖啡,复古时尚,柔和颜色,作者竹内直子

4. 未来主义风格

Niji 模型已经成功地掌握了在透明衣物上创造彩虹折射的艺术技术。以下是一些可能对创建未来主义动漫艺术作品有帮助的关键词:"chromatic aberration(色差)""holographic(全息)""iridescent opaque thin film RGB(虹彩不透明薄膜 RGB)""transparent vinyl clothing(透明乙烯基服装)""transparent PVC(透明 PVC)""reflective clothing(反光服装)"和"futuristic clothing(未来主义服装)"。这些关键词都能指导 Midjourney 生成带有未来主义风格的动漫作品,效果如图 4.45 所示。

Prompt : futuristic fashion, anime girl, colorful reflective fabric inner, transparent PVC jacket, in tokyo city center, rainbow

提示词：未来主义时尚，动漫女孩，彩色反光面料内搭，透明 PVC 夹克，东京市中心，彩虹

图 4.45　未来主义风格的女孩

5. 漫画

漫画源自日本，现已成为全球流行文化的重要组成部分。漫画的魅力主要体现在其特色的绘画风格——漫画绘制（manga drawing）以及特殊的阴影和光线处理方式——漫画阴影处理（manga shading）。

值得一提的是，漫画网纹调色（manga screentone）是一种运用广泛且分散的点状效果创建特别的视觉感受的技术。这种技术虽然与西方的点彩画法有些相似，但其视觉效果却截然不同，其能制作出富有深度和质感的黑白图像。

另一种被广泛应用的技术是具有半色调图案（with halftone pattern）。这种技术主要用于印刷，通过生成不同大小和密度的点来模拟不同的灰度效果。

最后，漫画艺术的另一个重要组成部分是漫画连环画（manga comic strip）。这种形式通常由一系列相关的画面组成，通过描绘人物、对话和动作讲述一个连贯的故事。

总体来说，漫画艺术是一种富有表现力的艺术形式，通过简洁、鲜明的线条以及精心设计的阴影和光线效果，能够呈现出丰富、有深度和动态的图像。

图 4.46 是漫画网纹调色的示例效果图。

Prompt：a girl, manga screentone, screentone patterns, dot pattern, with largely and widely spaced dots, high-quality

提示词： 一位女孩，漫画色调，色调图案，点图案，较大且间距更宽的点，高品质

图 4.46　女孩的漫画屏幕色调

图 4.47 所示是漫画连环画的示例效果图。

Prompt : manga comic strip, a page from a comic book with Jack fighting with bad guys, concept art

提示词： 漫画连环画，杰克与坏人搏斗的漫画书中的一页，概念艺术

图 4.47　杰克与坏人搏斗的连环画

6. 人物和玩具

如果希望创作出动态、生动逼真的角色、玩具或者人物照片，以下这些关键词将大有帮助。

（1）chibi character（Q 版角色）一词源自日语，chibi 意为"小"或"矮"。在动漫和漫画中，这种风格角色通常被创作得特别小巧，以大头小身的形象出现，通常用来描绘可爱或幽默的场景。

（2）miniature character（微缩角色）是指人物、物体或场景的微缩模型。微缩角色的创作需要精巧的工艺和严谨的处理，以保持其比例和细节的真实感。

（3）anime character（动漫角色）中的角色常常具有夸张的身体特征，如大眼睛、奇特的发色等。这些特征有助于突出角色的个性，使观众更容易记住他们。

（4）toy figure（玩具人物）是指基于各种主题（如电影、电视节目、动漫等）的塑料或橡胶制造的玩具。这些玩具人物通常具有可动的部位，能模拟出各种姿势，如图 4.48 所示。

往往，这些人物或玩具会被放置在 glass display case（玻璃展示柜）中，以保护它们免受灰尘污染，如图 4.49 所示。

（5）made of plastic（塑料制成）和 made of polyester putty（聚酯膏制成）是指动漫人物或玩具的制作材料。塑料是最常用的材料，其成本低、易于塑形且耐用。但聚酯膏渐渐受到欢迎，这是因为其在塑形时更为灵活，能创造出更为精细的细节。

图 4.48　中国女孩玩具人物

Prompt : toy figure, Chinese anime girl character, wearing red traditional Chinese clothing

提示词: 玩具人物，中国动漫女孩角色，穿着红色中国传统服装

图 4.49　玩具熊被放置在玻璃展示柜中

Prompt : miniature character, bear, in a glass display case, 3D rendering

提示词: 迷你版，熊，在玻璃展示柜中，3D 渲染

7. 角色设计

如果一位设计师想创作出各有特色、姿态生动且风格一致的角色设计，以下的关键词会成为有力工具。尝试在设计提示中融入这些词汇。

（1）character expression sheet（角色表情图）：有助于塑造多样化、生动活泼的角色面部表情。

（2）character design sheet（角色设计图）：一个针对角色外貌、服装以及特性的综合性设计指南。

（3）character pose sheet（角色姿势图）：用于展示角色在不同场景下的身体语言和姿势（图4.50）。

（4）turnaround sheet（角色 360° 设计图）：从全方位视角精细展现角色的每个侧面。

（5）concept design sheet（概念设计图）：展现初步的角色设想，以及他

们在故事中的角色定位和作用。

（6）items sheet/accessories（道具 / 配饰图）：一览角色可能会用到的所有物品和配饰。

（7）dress-up sheet/fashion sheet（服装 / 时尚图）：探索角色可能的服装选择，以丰富他们的个性特色。

（8）full body shot（全身肖像）：通过全身画像展现角色，确保每一个部分都能完美地协调一致（图 4.51）。

Prompt : character pose sheet, Mary, fascinating

提示词: 角色姿势图，玛丽，迷人的

图 4.50　玛丽迷人的姿势集　　　　　　图 4.51　赫本全身照

Prompt : full body shot, Audrey Hepburn is wearing a white dress with red dots, red shoes, hyperrealistic, flat shading

提示词: 全身肖像，奥黛丽·赫本穿着带红点的白裙子，红色鞋子，超现实主义，平面阴影

8. 将图片转换为动漫风格

如果希望将特定的人物照片转化为独特的动漫风格，则可以借助 2.7 节介绍的以图生成图功能来实现。在提示词中添加照片的 URL，并结合关键词 panel from manga --iw 2。这里添加 --iw 参数的目的是使生成的动漫风格图像更加接近原图。

例如，把奥黛丽·赫本的照片（图 4.52）转换为动漫风格，生成的效果如图 4.53 所示。

Prompt : https://cdn.discordapp.com/attachments/11176015465412076 02/1118060731141730375/61126d0736d99d41.jpeg panel from manga --iw 2

图 4.52 奥黛丽·赫本照片

图 4.53 动漫风格的奥黛丽·赫本

4.6 建 筑 设 计

扫一扫 看视频

建筑设计是一门创意与技术相融合的艺术，其包含了大量的需求分析、灵感获取、草图制作和设计分析环节。设计流程通常涵盖方案图、初步设计图、详细设计图、施工图、竣工图等阶段，以及效果图、户型图和概念图等各个层面。将 Midjourney 集成到这一流程中，将极大地优化和简化设计过程。快速生成设计概念或材料效果图意味着能将精力更多地集中在设计过程中更为关键的任务上。鉴于篇幅限制，本节将主要介绍 Midjourney 在概念设计方面的应用。

1. 概念设计

许多建筑师在接受特定命题设计任务时，如在森林中建设一个图书馆，会产生诸如鸟巢形状的建筑或是透明玻璃材质的建筑等初级概念。通常，会通过绘制草图或制作模型等方式验证这些初步想法。如今，可以利用 Midjourney 加速这个过程。通过快速生成一系列的概念图，建筑师在设计初期就能获取到更多的灵感和设计草图。这不仅可以帮助建筑师更快地找到设计方向，还能在早期阶段发现并解决潜在的设计问题。这样的工具对于现代建筑设计领域的价值和意义不言而喻。

2. 提示词结构

使用 Midjourney 设计建筑概念图，按照下面结构编写提示词将更容易生成符合要求的设计图。

主题详细描述 + 周边环境 + 建筑风格或时代，建筑师、设计师、摄影师 + 参数

（1）**主题详细描述**：在使用 Midjourney 进行建筑概念图设计时，在提示词中详细描述想要实现的建筑外观、美学理念、建筑功能需求和用户需求等。

例如，如果想设计一座具有现代感，同时融入环保理念的办公楼，可以撰写如下提示词："设计一座具有清晰线条、简洁色调，充满现代感的办公楼。建筑应将环保理念融入其中，包括利用自然光源，采用环保材料，以及整合绿色植被。希望在设计中融入大量的玻璃窗，以增强透明感，强调开放和交流。同时，办公楼内部的空间布局应注重流动性和灵活性，以适应快速变化的工作需求。"这样的详细描述能够帮助 Midjourney 更准确地生成想要的设计效果。

（2）**周边环境**：在进行建筑设计时，周边环境是不可忽视的因素，它影响着建筑的定位、外观、功能甚至气氛。Midjourney 能够根据用户提供的提示词，理解周边环境并在设计中进行反映。

例如，如果想在一片森林中设计一座度假别墅，提示词可能是："设计一座森林中的度假别墅。这座别墅需要和周围的自然环境融为一体，充满宁静和放松的气氛。它应该采用环保的建筑材料，并尽可能地保留现有的树木。建筑应当有大面积的窗户，在室内可以欣赏到美丽的森林景色。别墅的内部设计应当简洁舒适，给人一种回归自然的感觉。"

（3）**建筑风格或时代，建筑师、设计师、摄影师**：在进行建筑设计时，如果追求某种特定的建筑风格或者希望体现某个时代的精神，或者是深受某位建筑师、设计师或摄影师的影响，则可以在 Midjourney 中将这些元素作为提示词使用，以引导设计的方向。

（4）**参数**：在进行建筑设计时，常用以下 3 种参数：

1）--ar 参数用于设置宽高比，概念设计图一般采用 16 : 9。

2）--c 参数用于控制生成结果的多样化程度，其取值范围为 0 ~ 100，值越大，生成的结果就会越具有变化性，甚至会产生一些意想不到的效果。

3）--s 参数代表在生成过程中，生成结果与模型默认样式的接近程度，其取值范围为 0 ~ 1000，值越大，生成的结果就越接近模型的默认样式。默认值是 100，可以根据用户的需求进行适当调整。

例如，设计一个城市充气式建筑凉亭，效果如图 4.54 所示。

Prompt : inflatable architecture pavilion in city

提示词： 城市充气式建筑凉亭

图 4.54 城市充气式建筑凉亭

例如，设计在森林中瀑布旁边的一座现代化住宅，效果如图 4.55 所示。

Prompt : a modern house beside the waterfalls, in the forest, by Frank Lloyd Wright, extreme long shot, 8k --ar 16 : 9

提示词： 弗兰克·劳埃德·赖特设计的在森林中瀑布旁边的一座现代化住宅，超长镜头，8k 比例为 16 : 9

图 4.55 瀑布旁边的现代化住宅

3. 采用著名建筑设计师的风格

在进行建筑设计时，从知名且备受赞誉的建筑设计师的作品中寻找灵感是一种既高效又富有启发性的方法。对设计师来说，理解并吸取成功建筑设计师的设计思想、方法和技巧，是提升自己设计能力和创新性的有效途径。同时，模仿他们的设计风格也能帮助设计师更准确地表达自己的设计思想和目标。

以弗兰克·盖瑞（Frank Gehry）为例，如果想设计出一座带有他的设计风格特色的建筑，则可以在 Midjourney 的提示词中加入 Frank Gehry 以及他的设计特点，如"流线型设计""不规则形状""金属外壳"等。这样，将得到一些带有 Frank Gehry 设计元素的建筑概念图，有助于理解和运用他的设计风格。

通过模仿著名建筑设计师的风格，可以更深入地理解他们的设计理念和技术，并将这些理念和技术整合到自己的设计中，创造出独特且吸引人的建筑设计。

全世界有许多备受瞩目的建筑设计师，他们的作品改变了城市景观，塑造了人们对空间和形态的理解。以下是一些具有国际影响力的著名建筑设计师：

（1）弗兰克·劳埃德·赖特（Frank Lloyd Wright）：现代建筑的先驱之一，以其"有机建筑"理论著称，强调建筑与自然环境的和谐统一。

（2）勒·柯布西耶（Le Corbusier）：现代建筑的重要创始人之一，他的城市规划理念对现代建筑产生了深远影响。

（3）埃罗·沙里宁（Eero Saarinen）：这位 20 世纪中叶的芬兰裔美国建筑师以其独特且创新的设计而备受瞩目，如其动态的曲线形状和未来主义风格，这在他的众多作品中都有体现，如圣路易斯的"拱门"和华盛顿的 Dulles International Airport。

（4）弗兰克·盖瑞（Frank Gehry）：以其流动的、雕塑般的形式而闻名，其中最有名的是西班牙毕尔巴鄂的古根海姆博物馆。

（5）诺曼·福斯特（Norman Foster）：他的设计主题通常包含高科技和环保理念，最著名的作品包括伦敦的"泡沫"大厦和德国的"莱茵河之门"。

（6）扎哈·哈迪德（Zaha Hadid）：第一位获得普利兹克建筑奖的女性，哈迪德的设计以其剧变的形态和流动的线条而备受赞誉。

（7）杰弗里·巴瓦（Geoffrey Bawa）：斯里兰卡最著名的建筑师，他的作品深深影响了现代建筑设计，被誉为"热带现代主义"的代表。他在 20 世纪中叶提出了将现代主义设计理念与本地文化和环境融合的新颖建筑理念，使建筑既具有现代感，又强烈反映了斯里兰卡的风土人情。

（8）伦佐·皮亚诺（Renzo Piano）：以精细的工艺和对材料的敬畏而闻名。他的建筑作品遍布全球，包括巴黎的蓬皮杜中心、伦敦的碎片大厦、罗马的奥地利文化中心和美国的金门公园学术学院等。他的设计充满创新，并且注重与环境的和谐共生。2006 年，因其"对建筑的持续和显著贡献"而被授予普利兹克建筑奖，这是该领域的最高荣誉。

（9）路德维希·密斯·凡·德·罗（Ludwig Mies van der Rohe）：这位在德国出生的美国建筑师以其直线简洁的形式体现了国际风格。他的设计理念被简洁地概括为"少即是多"。

（10）隈研吾（Kengo Kuma）：这位日本建筑师以其将古典与现代风格融为一体的设计而享有极高的国际声誉，他曾获得国际石造建筑奖、自然木造建筑精神奖等多项荣誉。他巧妙地重新诠释了现代经典的日本建筑风格，展示了对自然元素的巧妙运用，关于照明和轻盈的创新思想，以及与环境无缝融合的结构设计。

以上只是一部分著名的建筑设计师，还有许多优秀的建筑设计师的作品改变了人们生活的空间，不断推动着建筑设计的发展。

例如，模仿扎哈·哈迪德建筑设计风格，效果如图 4.56 所示。

Prompt：Geoffrey Bawa Kundalahalli architecture inspired by Zaha hadid building in a future city glass building in a forest

提示词：杰弗里·巴瓦 Kundalahalli 建筑灵感来自扎哈·哈迪德建筑，位于森林中的未来城市玻璃建筑

图 4.56 结合两位建筑设计师设计风格的未来城市玻璃建筑

例如，模仿扎哈·哈迪德建筑设计风格，效果如图 4.57 所示。

Prompt：metabolic architecture villa in the mountains designed by

Zaha Hadid, continuous white surface with exposed seams, volumetric caustic lighting, photorealistic render, soft reflections, HQ

提示词： 由扎哈·哈迪德设计的位于山中的新陈代谢派的建筑别墅，连续的白色表面配以暴露的接缝，体量式的折射照明，逼真的渲染，柔和的反射，高清质量

图 4.57　山中的新陈代谢派的建筑别墅

例如，模仿伦佐·皮亚诺建筑设计风格，效果如图 4.58 所示。

图 4.58　伦佐·皮亚诺设计风格的蛋形博物馆

Prompt： egg shaped museum, by Renzo Piano, with a biomorphic design, long shot --ar 16：9

提示词：蛋形博物馆，由 Renzo Piano 设计，采用生物形态设计，长镜头比例为 16：9

例如，模仿路德维希·密斯·凡·德·罗建筑设计风格，效果如图 4.59 所示。

Prompt：Glass wall tree house, by Ludwig Mies van der Rohe, on a gigantic tree, monumental architecture, organic forms, surrounded by breathtaking views and immersed in nature, beautiful sunlight --ar 16：9

提示词：玻璃墙树屋，由路德维希·密斯·凡·德·罗设计，在一棵巨大的树上，纪念碑式建筑，有机形式，周围是令人惊叹的景色，沉浸在大自然中，美丽的阳光　比例为 16：9

图 4.59　路德维希·密斯·凡·德·罗设计风格的玻璃墙树屋

4. 模仿建筑风格

建筑风格是由特定的时间、地点、技术、材料，以及特定的建筑师或建筑学派等因素塑造的独特建筑艺术表现形式。以下是一些广为人知的建筑风格：

（1）**古典风格（classical style）：**源自古希腊和罗马的建筑风格，其主要特征在于规整的构造和对称的设计，如柱子、拱形门和穹顶等。

（2）**哥特式风格（gothic style）：**该风格盛行于中世纪，特征在于其尖塔、飞扶壁和精美的彩绘玻璃窗。

（3）**文艺复兴风格（renaissance style）：**该风格在 15—17 世纪盛行，它重新发现了古典建筑之美，强调对称和比例。

（4）巴洛克风格（baroque style）：在 17—18 世纪的欧洲，该风格比文艺复兴更加华丽和戏剧性。

（5）新古典主义风格（neoclassical style）：起源于 18—19 世纪，该风格模仿古典建筑，但更强调纪念性和宏伟。

（6）现代主义风格（modernist style）：起源于 20 世纪，其特点是功能主义、简洁的线条和无装饰。

（7）后现代风格（postmodern style）：作为对现代主义的回应，它接纳多样性和装饰，反对单一观念。

（8）建构主义风格（constructivism style）：该风格主张建筑应反映其建筑材料和结构，而非装饰或形式。

（9）高科技建筑风格（high-tech architecture style）：该风格利用先进的建筑技术，强调建筑的结构和服务设施。

（10）可持续或绿色建筑风格（sustainable or green architecture style）：该风格关注环保、节能和可持续性。

以上只是众多建筑风格的一部分。有些风格是特定地域和时代的产物，如美洲的普韦布洛风格（pueblo style）、欧洲的巴洛克风格（baroque style）和亚洲的禅宗风格（zen style）等。建筑师也会基于自己的设计理念，创造出他们自己的建筑风格。

Midjourney 中使用以上这些建筑风格作为关键词可以创造出各种不同风格的建筑设计。通过在关键词中明确想要的风格。例如，如果想要设计一个古典风格的建筑，可以使用"古典风格建筑"（classical style architecture）作为关键词，还可以进一步具体化，如使用"希腊古典风格建筑"（greek classical style architecture）以创造出古希腊风格的建筑设计。

值得注意的是，每种建筑风格都有其特点和历史背景。了解这些风格的特点和历史背景可以更好地理解与使用它们。在设计过程中，根据设计需求和喜好，灵活运用、混合或者改编这些风格，创造出全新的作品。同时，也可以挑战自己，尝试不熟悉的风格，这不仅可以提升设计能力，还有助于开拓视野，获得新的灵感和创意。

例如，如果想设计一座哥特式的大教堂，使用如下提示词，效果如图 4.60 所示。

Prompt：gothic style cathedral

提示词：哥特式的大教堂

图 4.60　哥特式大教堂

例如，设计现代主义风格的建筑，效果如图 4.61 所示。

Prompt : modern architectural design, methodical use of space, artistic, modernism, color photography --ar 16：9

提示词: 现代主义建筑设计，有条理地使用空间，艺术，现代主义，彩色摄影　比例为 16：9

图 4.61　现代主义风格的建筑

例如，设计后现代主义风格的博物馆，效果如图 4.62 所示。

Prompt : post modern architectural design, museum, landscape view, curved forms, asymmetry, colored glass, stoned tiles --ar 16：9

提示词: 后现代主义建筑设计,博物馆,景观,弯曲的形式,不对称,彩色玻璃,石砖　比例为 16：9

图 4.62　后现代主义风格的博物馆

5. 采用世界著名建筑摄影师的摄影风格

在 Midjourney 中尝试构建某种特定的建筑风格时，可以从世界著名的建筑摄影师的视角出发，尝试模仿他们的摄影风格。

建筑摄影师有许多，以下是一些著名的建筑摄影师：

（1）朱利叶斯·舒尔曼（Julius Shulman）：被认为是 20 世纪最重要的建筑摄影师之一，他以拍摄洛杉矶现代主义住宅而闻名。

（2）埃兹拉·斯托勒（Ezra Stoller）：被认为是 20 世纪最杰出的建筑摄影师之一，他的作品对现代建筑的理解起到了关键性作用。

（3）伊万·巴恩（Iwan Baan）：荷兰摄影师，因其对全球各地的建筑和生活环境的细致描绘而闻名，他的作品涵盖了各种类型的建筑。

（4）海伦·比内特（Hélène Binet）：著名的建筑摄影师，以其黑白照片和对光线与结构的精妙处理而闻名。她拍摄过众多建筑大师的作品，包括扎哈·哈迪德和丹尼尔·李布斯金（Daniel Libeskind）。

（5）胡夫顿+克罗（Hufton + Crow）：由两位英国摄影师尼克·赫夫顿（Nick Hufton）和艾伦·克劳（Allan Crow）组成的团队。他们的作品以对空间、形式、材料和光线的敏感处理而闻名。

（6）坎迪达·赫费尔（Candida Höfer）：德国摄影师，以对公共空间的大尺寸彩色照片而闻名，她的作品展现了空间的尺度、结构和光线。

图 4.63 所示是朱利叶斯·舒尔曼的电影摄影风格的露天游泳池。

Prompt : vast landscape, outdoor swimming pool, realistic photograph, 8k, film photography by Julius Shulman

提示词: 广阔的风景，室外游泳池，逼真的照片，8k，朱利叶斯·舒尔曼的

电影摄影

图 4.63　朱利叶斯 · 舒尔曼的电影摄影风格的露天游泳池

4.7　室 内 设 计

扫一扫　看视频

Midjourney 不仅可以顺利地进行建筑设计任务，而且可以优雅地处理室内设计任务。可以使用它来构想独特的装饰风格，或者实现特定房间的布局想法，这都将带来可视化体验和设计灵感。以下是一些可以在 Midjourney 中实践的室内设计应用。

（1）**房间设计**：通过在 Midjourney 中描绘房间类型和风格，如"现代简约的开放式厨房"或"法式乡村风格的卧室"，从中得到相应的设计图案。

（2）**家具布局**：Midjourney 可以帮助用户可视化家具布局的方案。例如，描述家具需求，比如"橡木餐桌配椅"，并指定它们的位置，如"置于窗边"。

（3）**装饰元素**：通过 Midjourney，可以找到满足个人品位的装饰品，如"墙上挂着抽象艺术画"或"书架上摆放着多肉植物"。

（4）**光照设计**：通过描述光线来源，如"阳光从落地窗照进来"或"壁灯发出暖色调的光"，来营造出不同的环境氛围。

（5）**色彩搭配**：Midjourney 能探索各种色彩组合。只需描述喜欢的颜色即可，如"墙壁是浅灰色，配上深绿色的家具"。

（6）**材料选择**：在 Midjourney 中指定喜欢的材料类型，如"木地板"或"大理石台面"。

（7）**户型图设计**：只需输入诸如"现代公寓户型图"或"开放式厨房"等关键词，Midjourney 就能生成相应的户型图。

（8）**平面效果图设计**：Midjourney 能够快速且精确地生成平面效果图。只需提供相关的关键词和描述，如"两室一厅现代风格平面图"，"带阳台和开放式厨房的公寓平面图"等，Midjourney 能根据这些信息生成相应的平面效果图。

（9）**三维透视图**：利用 Midjourney 能生成高质量的三维透视图。只需根据设计需求提供相应的关键词和描述，如"现代风格的住宅透视图""带有内庭院的商业空间透视图"等。

总体来说，Midjourney 的强大功能可以帮助用户轻松地将对家居空间的想象转化为现实。无论是设计师，还是只是想改变生活环境，只要能详细描述想法和需求，Midjourney 都可以实现。因此，无论是在寻找新的家居设计灵感，或是已经有了具体的设计方案，Midjourney 都可以成为得力助手。

本节将深入探讨 Midjourney 在室内装修设计中的应用，通过利用这个强大的工具，从而创造出真正属于自己的空间。

1. 提示词模板

在使用 Midjourney 进行室内设计时，提示词的选择对设计图生成有着至关重要的影响，下面是室内设计提示词模板：

主题 + 细节描述 + 风格类型 / 设计师 + 参数

下面举例说明如何通过使用主题、细节描述、风格类型和参数生成满足特定需求的室内设计，效果如图 4.64 所示。

假设设计一个现代简约风格的书房，主题便为"现代简约书房"。在这个主题的基础上，添加更多的细节描述，如"拥有一个大窗户""墙上装饰有现代艺术品""书架摆满书籍""中心区域有一把舒适的读书椅"等。接下来，可以指定风格类型。如果希望这个书房有一种平静、放松的氛围，则添加 Scandinavian 关键词。最后，通过添加一些参数来优化结果。例如，若想得到一个更具现代感的设计，则添加 --c 20 参数，这样可以增加结果的多样性。

将这些元素组合在一起，完整提示词为"室内设计，现代简约书房，拥有一个大窗户，墙上装饰有现代艺术品，书架充满书籍，中心区域有一把舒适的读书椅，Scandinavian 风格 --c 20"。该提示词将提供一个定制化的、符合需求的室内设计方案。

Prompt： interior design, modern minimalist study room, featuring a large window, decorated with modern art pieces on the walls, bookshelves filled with books, central area with a comfortable reading chair, Scandinavian style --c 20

提示词： 室内设计，现代简约书房，拥有一个大窗户，墙上装饰有现代艺术品，书架充满书籍，中心区域有一把舒适的读书椅，Scandinavian 风格 --c 20

图 4.64　现代简约书房

2. 设计风格

当使用 Midjourney 进行室内设计时，选择适当的设计风格是非常关键的步骤。首先，需要对各种室内设计风格有一定的了解，包括现代简约风格（modern minimalist style）、斯堪地纳维亚风格（Scandinavian style）、田园风格（country style）、中式风格（Chinese Style）、日式风格（Japanese style）、后现代风格（postmodern style）、工业风格（industrial style）、北欧风格（Scandinavian style）、美式风格（American Style）、地中海风格（Mediterranean style）和法式风格（French style）等。

这些风格都有自己独特的特征和审美元素，如何选择取决于用户的个人喜好，以及空间的实际需求和条件。对于每一种风格，可以在提示词中详细描述期望的元素，包括颜色方案、家具选择、材料使用、装饰品配置等，如"现代简约风格的客厅，白色的墙面和地板，黑色的沙发和电视柜，带有绿植的装饰"。

下面是一些常见的室内设计风格：

（1）**中式风格**（Chinese style）：它的设计语言源于中国的传统文化和艺术，主张以和为贵，追求环境与人的和谐。强调对称和比例，饰物及家具常用红木和漆器。

（2）**日式风格**（Japanese style）：简约、自然和实用是日式室内设计的核心。侧重于空间的开敞和流动性，常常使用滑动门或屏风分割空间。

（3）**北欧风格**（Scandinavian style）：追求自然、舒适和简约，色彩以白色和其他自然色调为主，家具线条简洁。

（4）**法式风格**（French style）：以优雅和浪漫为主，会使用精致的装饰和豪华的布艺，色彩以浅粉、浅蓝、米白等柔和色彩为主。

（5）**英式风格**（British style）：强调传统和舒适，家具一般都有强烈的历史感，配色以浅色调为主。

（6）**地中海风格**（Mediterranean style）：以蓝白色调为主，结构简单大方，用料质朴，饰面处理粗糙。

（7）**美式乡村风格**（American country style）：追求舒适、自由和自然，家具一般都很实用，而且形状大方。

（8）**新古典主义风格**（neoclassical style）：特点是优雅、精致和对称，主要使用深色的木头和丰富的装饰。

（9）**极简风格**（minimalist style）：以简约为主，尽量减少不必要的元素，使空间、家具和其他元素保持简单。

（10）**工业风格**（industrial style）：以工业化生产为主题，主要使用粗糙的未加工材料，如裸露的砖墙、混凝土、钢铁等。

（11）**现代风格**（modern style）：强调线条的流畅和简洁，色彩主要以黑、白、灰为主，有时会加入一些亮色。

（12）**马卡龙风格**（macarons style）：以法国马卡龙甜点颜色为主题，使用甜美的粉色、浅蓝、柠檬黄等色彩，给人甜美温馨的感觉。

（13）**文艺复兴风格**（renaissance style）：以欧洲 15 世纪至 17 世纪的艺术和建筑风格为基础，使用对称、比例和几何形状，往往附有丰富的装饰和雕刻。

（14）**巴洛克风格**（baroque style）：具有豪华和戏剧化的特点，采用丰富的色彩、华丽的装饰以及强烈的对比效果。

（15）**海洋风格（coastal style）**：以海边度假氛围为设计元素，使用自然的光线、软色调的配色以及海洋元素（如贝壳、珊瑚和海鸟）。

（16）**徽派风格（Hui-style architecture）**：源自中国安徽省，以白墙、黑瓦、木构建筑为特点，强调与自然和谐共处，整个建筑群体按山势布局，体现了因地制宜的设计哲学。

（17）**新艺术风格（art nouveau）**：特点是以自然的形态和线条为灵感，采用大胆的色彩和图案，造型优美且有动态感。

（18）**艺术装饰风格（art deco style）**：一种在欧洲兴起的设计风格，特点是使用几何图案、对称线条以及豪华材质和装饰。

（19）**复古风格（retro style）**：对过去某个时期风格的复古和追溯，经常使用过去流行的色彩、图案以及材料。

（20）**佛罗里达风格（florida style）**：受美国佛罗里达州的气候和景色影响，喜欢使用大量的玻璃、白色和鲜艳的色彩以及带有热带风情的装饰。

每种风格都有其独特特点和美学，能够满足不同审美和生活需求。

下面是一些不同风格室内设计的示例。

（1）海洋风格的室内设计效果如图 4.65 所示。

Prompt : coastal interior design, the room emphasizes lighter tones in shades of blue, green, beige and white to communicate a relaxed feel, the light reflecting off the water create a soothing ambiance --ar 16 : 9

提示词：海洋风格的室内设计，房间强调蓝色、绿色、米色和白色的色调，以传达轻松的感觉，光线从水面反射，营造出舒缓的氛围　比例为 16 : 9

图 4.65　海洋风格的室内设计

（2）地中海风格的室内设计效果如图 4.66 所示。

Prompt : Mediterranean interior design, the room style are airy and light, textured walls combine with natural woods for a warm, inviting atmosphere, rich earthly terracotta and browns, leafy green, sunshine yellow, and metallics in copper and gold --ar 16 : 9

提示词： 地中海式室内设计，房间风格通风明亮，纹理墙与天然木材相结合，营造出温暖诱人的氛围，浓郁的泥土色和棕色，树叶绿，阳光黄，以及铜和金的金属元素 比例为 16 : 9

图 4.66 地中海风格的室内设计

（3）法式风格的室内设计效果如图 4.67 所示。

Prompt： French interior design, the room style are glossy ceramic granite or polished natural stone, parquet or laminate with light wood textures, Space, lots of light, bright colors and natural materials are the quintessence of French style, french painting --ar 16 : 9

提示词： 法式室内设计，房间风格是有光泽的陶瓷花岗岩或抛光的天然石，镶木地板或浅色木纹理的层压地板，空间，大量的光线，明亮的颜色和天然材料是法式风格的精髓，法式绘画 比例为 16 : 9

图 4.67 法式风格室内设计

（4）中世纪风格的室内设计效果如图 4.68 所示。

Prompt : mid century interior design, the room style are clean lines, muted tones, a combination of natural and manmade materials, graphic shapes, vibrant colors, and integrating indoor and outdoor motifs --ar 16 : 9 --v 5

提示词: 中世纪风格的室内设计，房间风格是简洁的线条、柔和的色调、自然和人造材料的结合、图形形状、鲜艳的色彩，以及室内外主题的融合　比例为 16 : 9

图 4.68　中世纪风格的室内设计

（5）工业风格的室内设计效果如图 4.69 所示。

图 4.69　工业风格的室内设计

Prompt : industrial interior design, monochromatic palettes of greys, iron black, and white room, raw and rough materials with modern elements, This design blend of both old and new, recycled and repurposed materials, while maintaining a sleek and modern look, --ar 16 : 9

提示词: 工业风格室内设计，单色色调的灰色、铁黑色和白色的房间，原材料和粗糙的现代元素，这种设计融合了新旧、回收和重新利用的材料，同时保持

了时尚和现代的外观　比例为 16 ：9

（6）波西米亚（bohemian）风格的室内设计效果如图 4.70 所示。

Prompt : boho interior design, white, olive green, cognac, mustard yellow, and rusty oranges colors room and lots of patterns such as florals and paisleys mixed with natural prints and geometric patterns are a hallmark of boho style --ar 16 ：9

提示词： 波西米亚风格的室内设计，白色、橄榄绿、干邑色、芥末黄和锈橙色的房间和大量的图案，如花朵和佩斯利，混合了自然印花和几何图案，是波西米亚风格的标志　比例为 16 ：9

图 4.70　波西米亚风格的室内设计

3. 颜色搭配

颜色在塑造室内空间氛围中扮演着至关重要的角色。它既能带来视觉的冲击，又能为居住者营造出愉悦、舒适的情感体验。以下是一些颜色搭配建议，用户可以根据自己的喜好和个人风格挑选合适的组合，塑造出独特的室内空间。

（1）深浅对比：如深色家具搭配浅色墙面，既可以增加空间的层次感，又可以使房间更显宽敞。

（2）冷暖对照：如冷色调的墙面配以暖色调的装饰画或家具，两种颜色的对比将会使空间更加丰富且充满活力。

（3）同色系搭配：如淡黄色的墙面配上深黄色的抱枕和地毯，可以营造出舒适且和谐的氛围。

此外，家具的材质和颜色设计也十分关键。例如，皮质的沙发可以营造出高贵典雅的氛围；棉麻材质的家具则能带来简约自然的气息。色彩搭配的多样性可以根据自己的喜好创造出富有个性的居住空间。

例如，下面的颜色组合创造了一个自然而迷人的空间（图 4.71），适合日光室或阅读角落。

Prompt : earthy brown walls with a soft cream-colored linen sofa, rattan accents, and muted green foliage

提示词: 土褐色的墙壁，柔软的奶油色亚麻沙发，藤条装饰，柔和的绿色树叶

图 4.71　阅读角落

图 4.72 中的颜色组合创造了一个柔软而女性化的空间，适合卧室或更衣室。

图 4.72　女性更衣室

Prompt : a dressing room with pale pink walls with a forest green velvet armchair, natural wood accents, and vintage-inspired botanical prints

提示词：更衣室，浅粉色墙壁，森林绿色天鹅绒扶手椅，天然木材装饰，复古植物印花

图 4.73 组合创造了一个舒适而诱人的空间，适合客厅或书房。

Prompt : interior design warm beige walls with a plush, cream-colored shag rug and textured throw pillows in shades of brown and rust

提示词：室内设计暖米黄色的墙壁，毛绒绒的奶油色绒毛地毯以及棕色和铁锈色的纹理抱枕

图 4.73　客厅

图 4.74 组合创造了一个现代而有趣的空间，适合家庭办公室或工作室。

图 4.74　工作室

Prompt：soft gray walls with a vibrant teal accent wall, bold geometric patterned curtains, and sleek metal furniture

提示词：柔和的灰色墙壁，充满活力的蓝绿色墙壁，大胆的几何图案窗帘和光滑的金属家具

4. 室内设计师

在进行室内设计时，同样可以模仿某位室内设计师的设计风格，只需在提示词中添加"by 某位设计师名字"即可。以下是一些世界著名室内设计师，他们的设计理念和风格各有不同：

（1）马歇尔·布劳耶（Marcel Breuer）：现代主义设计的重要人物，以简洁、实用的设计理念和对创新材料的使用而闻名。

（2）阿德莱德·德·梅尼尔（Adelaide de Menil）：她的设计风格非常注重人文精神和艺术性，她设计的空间不仅舒适，而且富有艺术感。

（3）夏洛特·佩里安德（Charlotte Perriand）：现代主义设计的一名代表人物，她的设计理念是"艺术即生活"，其设计风格充满了实用性和舒适性。

（4）皮埃尔·夏洛（Pierre Chareau）：装饰艺术运动的代表人物之一，他设计的空间既优雅又实用。

（5）弗兰克·劳埃德·赖特（Frank Lloyd Wright）：现代建筑设计的先驱，其设计理念是"形式随功能"，他设计的室内空间总是和建筑的外部环境和谐共生。

（6）凯利·韦斯特勒（Kelly Wearstler）：现代美国室内设计的重要人物，以大胆的色彩搭配和复古现代的设计风格而著名。

（7）凯瑞姆·瑞席（Karim Rashid）：因善于运用塑性材料创造未来感的设计作品而被人誉为"塑胶诗人"。凯瑞姆在设计手法上运用未来的造型，以平价但物美体现其生活作品的大众性。在家具设计和室内环境设计上，凯瑞姆惯用灵动的弧线和有机的整体，体现他对家具和空间的认识。

（8）约翰·波森（John Pawson）：英国建筑及空间设计大师，风格极为简约，水泥模造的楼梯与巧妙的灯光设计是波森最经典的设计。

下面是一些模仿室内设计师的风格进行设计的风格图。

图 4.75 所示是凯瑞姆·瑞席风格的家庭办公室。

Prompt：a high-tech and aesthetically pleasing home office with a futuristic design and sleek materials, influenced by the works of Karim Rashid

提示词： 受凯瑞姆·瑞席作品影响，采用未来主义设计和时尚材料的高科技
美观家庭办公室

图 4.75　凯瑞姆·瑞席风格的家庭办公室

图 4.76 所示是由考斯（街头艺术家）和约翰·波森设计的伊夫·克莱因的
蓝色折衷主义室内空间的获奖室内设计照片。

图 4.76　考斯和约翰·波森设计的蓝色折衷主义室内空间

Prompt : an award winning interior design photograph of an Yves Klein blue eclectic interior space designed by Kaws and John Pawson, plants all over, pink terrazzo and marble textures, unreal engine, bright

提示词: 由考斯（街头艺术家）和约翰·波森设计的伊夫·克莱因的蓝色折衷主义室内空间的获奖室内设计照片，到处都是植物，粉色水磨石和大理石纹理，虚幻的引擎，明亮

5. 室内建筑平面设计

使用 Midjourney 进行室内建筑平面设计可以大大提升设计的效率和质量。无论是设计户型图，还是制作平面效果图，甚至是构建三维平面透视图，该软件都能满足。

在设计户型图时，通过简单的关键词描述设计需求，如"三室两厅的布局，带有宽敞的客厅和独立的厨房"等，Midjourney 将会根据描述生成一份满足需求的户型图设计。这将极大地减少设计师手动绘制和修改图纸的时间，从而提升工作效率。

在制作平面效果图时，使用关键词描述想要表达的设计意图，如"温馨的主卧室，墙面采用浅灰色，搭配木质地板和简约风格的家具"等，Midjourney 会基于这些关键词生成一幅生动且贴近设计意图的平面效果图。

至于三维平面透视图，Midjourney 也能轻松应对。描述从哪个角度和哪个位置观察空间，如"从客厅的入口处看向窗户，可以看到对面的厨房和餐厅"，Midjourney 会根据描述生成一份清晰且准确的三维平面透视图，有助于理解和表达设计的空间关系。

（1）**户型图。** 在设计户型图时需要使用关键词 AutoCAD drawing of the floor plan。

图 4.77 所示是设计别墅一层的户型图。

Prompt : AutoCAD drawing of the floor plan, the first floor villa building plan, including bedroom, living room, bathroom, kitchen and other building space, each space has specific furniture --ar 16 : 9

提示词: AutoCAD 绘制的楼层平面图，别墅一层的建筑平面图，包括卧室、客厅、浴室、厨房等建筑空间，每个空间都有特定的家具　比例为16 : 9

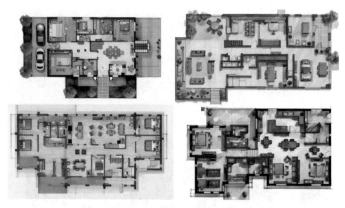

图 4.77　别墅一层的户型图

（2）**平面效果图。**在设计平面效果图时可使用提示词 renderings of the building plan。

图 4.78 所示是设计的建筑平面效果图。

Prompt : renderings of the building plan, the floor plan of the house, including two bedrooms, a living room, bathroom, kitchen, balcony and other building saces, each space should have a corresponding furniture arrangement --ar 16：9

提示词: 建筑平面图效果图，房屋的平面图，包括两间卧室、一间客厅、浴室、厨房、阳台等建筑空间，每个空间都应该有相应的家具布置　比例为 16：9

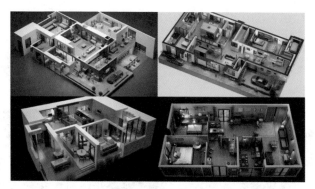

图 4.78　建筑平面效果图

（3）**三维平面透视图。**

图 4.79 和图 4.80 所示是设计的高中建筑平面透视效果图和博物馆三维效果图。

Prompt : architectural plane perspective renderings, high school architectural plan, including teacher office, classroom, library, basketball arena and other architectural space, each space should have the corresponding layout --ar 16 : 9

提示词: 建筑平面透视效果图,高中建筑平面图,包括教师办公室、教室、图书馆、篮球场等建筑空间,每个空间都应有相应的布局 比例为 16 : 9

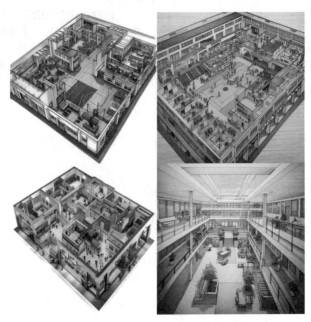

图 4.79 高中建筑平面透视效果图

Prompt: three-dimensional renderings of the building, the museum building plan, each space should have a corresponding layout --ar 16 : 9

提示词: 建筑的三维效果图,博物馆建筑平面图,每个空间都应该有相应的布局 比例为 16 : 9

图 4.80 博物馆三维效果图

4.8 景 观 设 计

景观设计是指风景与园林的规划设计，它的要素包括自然景观要素和人工景观要素。景观设计主要服务于城市景观设计（城市广场、商业街、办公环境等）、居住区景观设计、城市公园规划与设计、滨水绿地规划设计、旅游度假区与风景区规划设计等。

扫一扫 看视频

无论是城市公园的设计、滨水绿地的规划，还是旅游度假区的布局，Midjourney 都能提供帮助。

例如，在进行城市广场的设计时，通过输入描述广场功能、地形、风格等信息的关键词，如"宽敞的城市广场，带有喷泉和艺术雕塑，周边环绕着丰富的绿色植被，地面采用花岗岩铺设"等，Midjourney 将根据描述生成令人惊叹的景观效果图。

对于居住区景观设计，Midjourney 也能胜任，如描述"住宅区中有一个设施齐全的社区公园，包括游乐场、步行道、健身设施和休息区，周围是各种果树和花卉，增添了生活的乐趣"，Midjourney 将会根据这些关键词构建出一份精美的效果图。

在进行滨水绿地规划和旅游度假区规划设计时，Midjourney 的能力同样出色。只需提供清晰的描述，如"沿着河边布置了步行道和骑行道，两边是茂盛的柳树和各种野花，偶尔有休息区和观景台，让人可以欣赏河景"或者"度假区包括海滩、游泳池、度假别墅和海鲜餐厅，所有的建筑都采用现代热带风格"，Midjourney 就能根据描述生成满足需求的设计图。

无论进行哪一种类型的景观设计，Midjourney 都能快速将设计想法转化为具体可视化的设计图或效果图，同时提供更多的创新可能，让设计更具灵感和活力。

这使景观设计师能够：

（1）在建造之前，快速地可视化不同的设计概念，使测试"假设（what if）"场景从未如此简单。

（2）通过丰富多彩的效果图，展示出超越技术图纸的景观设计的感觉和气氛。

（3）快速试验不同的照明条件、季节、天气和不同时间段的场景，以找到最佳的布局和种植选择。

（4）通过快速迭代完善设计图，调整提示词中的几个词语可以显著改变效果图。

（5）使用其他图像软件对最终的效果图进行润色，以增强对比度、色彩鲜艳度和景深，让设计变得生动起来。

1. 提示词

以下是使用 Midjourney 创建景观设计的一些建议：

（1）从一个描述性的提示词开始，包括关键细节，如景观类型（山、森林、沙漠等）、一天中的时间、天气条件和季节，如 "majestic mountains under a full moon in winter, softly lit by moonlight, atmospheric perspective, 8k resolution photograph（在冬季的满月下，壮丽的山峰被月光柔和地照亮，具有大气透视效果，8K 分辨率的照片）"。

（2）添加一些形容词完善图像细节，如：hyperrealistic（超现实主义）、super detailed（超级详细）、ultra HD（超高清）、amazingly clear（极其清晰）、extremely sharp focus（极其锐利的焦点）、cinematic（电影感）等。

（3）使用诗意的语言唤起某种氛围，如 gently lit（温柔的光照）、bathed in warm light（沐浴在温暖的光线中）、shrouded in mist（被雾气笼罩）、towering ominously（阴森森地耸立）、painted in gold and orange（被涂上金色和橙色）等。

（4）添加一些定义景观细节的词汇，如：snowcapped peaks（雪覆盖的山峰）、dense pine forest（密集的松树林）、barren and windswept（荒芜和被风吹扫）。

当然，人工智能只是一种工具。景观设计师的创造力、工艺和远见永远是最重要的。但是，通过将人类的设计技能与人工智能的生成能力相结合，景观设计师从中快速可视化最受启发的景观，并看到他们从未想象过的新可能性。

图 4.81 和图 4.82 所示是使用提示词创建的景观设计图。

Prompt：modern backyard, architecture by Tadao Ando, hardwood timbers for an interconnected series of decks, terraces, modern pool and spa, lawn, mir_render, fog, dim light --ar 16：9

提示词：现代后院，安藤忠雄的建筑，硬木，用于一系列相互连接的甲板、露台、现代游泳池和水疗中心、草坪、反光镜、雾、昏暗的光线　比例为 16：9

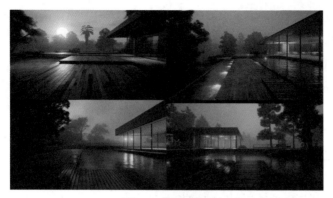

图 4.81 现代后院

Prompt : modern Mexican private garden design, a group of shrubs, Mexican feather grass, fountain grasses, blue agave, jacarandas, mir_ render, back light --ar 16 : 9

提示词: 现代墨西哥私人花园设计,一组灌木,墨西哥羽毛草,喷泉草,蓝色龙舌兰,蓝花兰,反光镜,背光 比例为 16 : 9

图 4.82 现代墨西哥私人花园设计

2. 景观设计风格

景观设计风格繁多,每种风格都有其独特的特点和元素。以下是一些常见的景观设计风格:

(1)**自然主义风格(naturalistic style):** 该风格的设计是尽可能模仿自然,让人感觉就像走进了原始的自然环境。它常常使用本土的植物和自然石材。

(2)**现代风格(modern style):** 强调直线和规则的形状,以及利用钢、混凝土、玻璃等现代材料。植物的种植通常很有秩序,颜色通常比较单一或者使用对比鲜明的颜色。

（3）日式风格（Japanese style）：强调自然和宁静，重视对细节的处理和对空间的理解。水、岩石和日本的植物是这种风格的重要元素。

（4）中式风格（Chinese style）：强调山水诗意，通过山石、水潭、花木等元素，营造一种远离尘世的意境。这种风格还有一个显著的特点，就是喜欢使用走廊、亭台、廊桥等建筑元素。

（5）地中海风格（Mediterranean style）：以地中海地区的风貌为特点，常常使用石头和粗糙的砖石，植物多为橄榄树、薰衣草和玫瑰等。

（6）英式风格（English style）：以其浪漫和随意的特点著名，典型的英式风格的花园有许多曲线和色彩鲜艳的花卉。

（7）热带风格（Tropical style）：利用各种热带植物营造一种热带雨林的感觉。它强调丰富的色彩和丰满的植物形态。

（8）乡村风格（rustic style）：以其乡村风情和自然美为特点。这种设计通常包括大面积的花卉种植、粗糙的木制家具和各种乡村元素，如栅栏、石头小径等。

（9）极简主义风格（minimalist style）：设计理念是"少即是多"，强调空间的利用和简洁的线条，以及颜色和材料的极简选择。

（10）欧洲风格（European style）：强调对历史和文化元素的尊重，结合各种古典元素，如喷泉、雕像、手工艺品等，展现欧洲的优雅和浪漫。

（11）干景风格（xeriscape style）：设计理念是节水和环保，常用在干燥的气候地区，使用耐旱植物和有效排水系统。

（12）绿色屋顶和垂直花园（green roofs and vertical gardens）：设计理念是将绿色元素融入城市建筑，既美化环境又增加城市的可持续性。

（13）疗愈花园风格（healing garden style）：旨在提供一个安静、舒适的环境，利用植物、水元素、观赏性动物等创造一个有益于身心健康的空间。

无论何种风格，设计师需要充分理解其特点和应用方法，同时考虑到设计场地的具体环境和使用者的需求，创造出既满足功能需求，又有审美吸引力的景观设计。同时，景观设计是一种创新和个性化的艺术，所以在实际应用中，设计师会结合多种风格，创造出既满足实用需求又具有艺术美感的独特景观。

在进行景观设计时，将景观设计风格添加到 Midjourney 的提示词中可以极大地提高设计的效率和精度。以下是一些如何在提示词中使用景观设计风格的建议：

（1）确定希望的风格。确定设计是现代风格、自然风格、热带风格、乡村风格、英式风格还是极简主义风格。这将作为设计的基础。

（2）组织提示词。在提示词中，包含该风格的关键词。例如，如果选择了现代风格，可以在提示词中添加"现代""简洁""线条"等词汇。

（3）描述特性和元素。除了基本的风格关键词，还可以添加更具体的描述，以进一步明确模型生成的设计特性。例如，如果想要设计中有大量的玻璃元素，则在提示词中添加"玻璃元素"。

（4）指定细节。除了大的风格选择，还可以在提示词中指定更多的细节，如颜色、材质和灯光等。例如，如果设计一个现代风格的夜晚景观，则在提示词中添加"夜晚"和"灯光"。

通过以上步骤，可以充分利用 Midjourney 的能力创建出符合想象的、特定风格的景观设计。

以下是一些用 Midjourney 进行景观设计的例子。

（1）图 4.83 所示是现代风格的公共广场的效果图。

Prompt：a modern style public square, with a large-scale artistic sculpture in the center, surrounded by uniformly planted trees and flowers. The ground of the square is paved with stone, in a high-definition image

提示词：现代风格的公共广场，广场中心有一座大型的艺术雕塑，周围种植有整齐划一的树木和花卉，广场地面铺设石材，高清图像

图 4.83　现代风格的公共广场

（2）图 4.84 所示是禅意风格的庭院的效果图。

Prompt：a Zen-style courtyard, with a small pool in the center, next to which are several orderly arranged stones, surrounded by lush bamboo. a simple wooden bridge crosses the pool, and the morning sunlight gently shines in the courtyard, in a high-definition realistic rendering

提示词: 禅意风格的庭院，庭院中心有一个小型的水池，水池旁边有几块摆放有序的石头，四周有翠绿的竹子环绕，朴素的木质小桥横跨水池，早晨的阳光柔和地洒在庭院中，高清逼真的渲染效果

图 4.84　禅意风格的庭院

（3）图 4.85 所示是热带风格的度假胜地的效果图。

图 4.85　热带风格的度假胜地

Prompt : a tropical-style resort, with a wide beach in front of the hotel, lined with palm trees. the sea water under the sunshine appears blue, the appearance of the hotel is typical tropical style, mainly made of wood and bamboo materials, giving a sense of relaxation and freedom, in a realistic rendering of the landscape

提示词： 热带风格的度假胜地，酒店前有一片宽阔的海滩，海滩上排列着棕榈树，阳光照耀下的海水呈现碧蓝色，酒店的外观是典型的热带风格，以木质和竹质材料为主，给人一种放松和自由的感觉，风景逼真的渲染图像

（4）图 4.86 所示是英式田园风格的花园的效果图。

Prompt : an English countryside-style garden, with a variety of flowers and plants in the garden, winding paths, decorative flower baskets and stone lamps on both sides of the path. the garden is rich in color under the sun, giving a sense of elegance and tranquility, in a detailed rendering

提示词： 英式田园风格的花园，花园中有各种各样的花卉和绿植，小径弯曲蜿蜒，小径两旁有装饰性的花篮和石灯，阳光下的花园色彩丰富，给人一种优雅宁静的感觉，细致入微的渲染效果

图 4.86 英式田园风格的花园

3. 景观设计师

世界上有许多著名的景观设计师，他们的作品广受赞誉，深深影响了景观设计的发展。以下是一些著名的景观设计师：

（1）弗雷德里克·劳·奥姆斯特德（Frederick Law Olmsted）：美国景观设计学的奠基人，是美国最重要的公园设计者，被誉为"美国公园之父"，他的设计作品包括纽约市的中央公园和布鲁克林公园。

（2）罗伯特·艾文（Robert Irwin）：一位美国装置艺术家，以其在户外空间中使用自然和人工材料的精细构成而闻名，他经常通过特定场地的建筑干预来探索感知和艺术条件，改变空间的物理、感官和时间体验。

（3）皮特·奥多夫（Piet Oudolf）：荷兰知名设计师，全球最具影响力的花园设计师之一，真正的"野草之神"，自然主义种植设计新浪潮造园奠基人，他的设计理念无疑给所有景观从业者一个新的视角：当审美疲劳时，看看那荒野。他大胆运用草本多年生植物做景观，他更看重植物结构而不是花朵颜色，强调植物全生命周期的美。

（4）丹尼尔·厄本·基利（Daniel Urban Kiley）：美国景观建筑师，以其对现代主义设计而著名。

（5）卡洛斯·泰斯（Carlos Thays）：阿根廷景观设计师，以其在布宜诺斯艾利斯的公园和广场的设计工作而著名。

（6）罗伯特·布雷·马克斯（Roberto Burle Marx）：巴西现代主义景观大师，被公认为是20世纪最有天赋的景观设计师之一，他创造出了具有鲜明地域特征和生命力的景观作品，他的设计很少遵循什么规律，凭自己艺术家的敏锐视觉来形成自己的创作理念，他从本土艺术中提炼出图形、符号、色彩等元素，其设计语言至今影响着世界各地的艺术家。

（7）三谷彻（Mitani Toru）：日本景观设计大师，三谷彻的设计理念基于一个核心目标，即为人们提供一个能够放松和轻松的空间。在忙碌的生活中，人们经常需要一个宁静、明亮、简洁、平凡的环境来放松和享受。三谷彻的设计正是为了创造这样的空间。他倡导在设计中构建适合人类活动的场地，如在蜿蜒的山路上设计出让人停留、仰望天空和体验自然的地方。通过对过去的工作和日本传统庭院的重新审视，三谷彻思考了如何在现代社会中进行设计。

（8）米歇尔·高哈汝（Michel Corajoud）：其为城市地区的园林设计提供了全新的视角。他坚信，城市景观设计师的工作应将其设计与周围的建筑环境相协调，并将与周围建筑的和谐性考虑在内。他的设计不仅仅关注空间本身，更深入到人的层面，关注使用空间的人们的需求和幸福感。他衡量设计成功的标准是观众的参与程度，这种以人为本的设计理念也使他获得了多项奖项。

（9）安德烈·勒诺特尔（André Le Nôtre）：17世纪的法国园林设计师，

以其宏伟而精致的对称景观设计闻名于世。他最著名的作品是位于法国凡尔赛的凡尔赛宫花园，其设计采用了精心策划的对称和几何形状，展现了法国巴洛克风格园林设计的魅力。此外，他还设计了许多其他著名的园林，如沃勒维贡特庄园和杜伊勒里花园。他的作品至今仍被誉为园艺艺术的巅峰之作，对后世的景观设计产生了深远影响。

（10）兰斯洛特·布朗（Lancelot Brown）：18 世纪英国的一位杰出的景观设计师，他的作品使英国园林艺术达到了顶峰。他对自然风景的尊重和热爱，使他成为"英式风景园林"的先驱，这种风格以其自由和浪漫的风格，而不是严格的对称和几何形状，突出了自然美。布朗设计了超过 170 个公园和花园，包括英国最著名的庄园如布莱恩姆宫和兰斯宏庄园。

这些设计师的作品不仅展示了他们的才华和创新思维，也在很大程度上塑造了当代景观设计的趋势和理念。

在进行景观设计时，同样可以模仿著名景观设计师的设计风格。如果喜欢某一设计师的风格，或者希望参考他们的设计理念，只需在提示词中加入"by 某景观设计师"或"in the style of 某景观设计师"，就可以生成类似于该设计师风格的景观设计。

例如，如果欣赏荷兰花园设计师皮特·奥多夫的设计风格，则在描述设计细节的提示词中添加 by Piet Oudolf 或 in the style of Piet Oudolf，Midjourney 将参考这些提示词，尽可能地模仿奥多夫的风格，生成一份景观设计图像。

又或者，如果喜欢弗雷德里克·劳·奥姆斯特德的公园设计，先描述期望的设计元素，例如"公园中有一条蜿蜒的小路，两边种满了樱花树。远处是一个小湖，湖边有几个座椅"，然后在提示词中加入 by Frederick Law Olmsted 或 in the style of Frederick Law Olmsted。如比便可以得到一个模仿奥姆斯特德风格的景观设计图像了。

无论喜欢哪种风格，只要提供精准的提示词，Midjourney 都能将理想中的景观设计变为现实。

以下是一些参考景观设计师设计风格生成图像的示例。

（1）图 4.87 所示是罗伯托·布雷·马克斯风格的热带花园效果图。

Prompt：a tropical garden in the style of Roberto Burle Marx, with curving walkways and a variety of lush tropical plants in vibrant colors. at the end of the walkway is a modern sculpture illuminated by lights

提示词：罗伯托·布雷·马克斯风格热带花园，弯曲的步行道，各种热带植物丛生，色彩斑斓。步行道尽头是一座现代雕塑，灯光闪烁

图 4.87　罗伯托·布雷·马克斯风格的热带花园

（2）图 4.88 所示是三谷彻风格的禅宗花园效果图。

Prompt： a Zen garden inspired by Mitani Toru, featuring a serene pond in the center with a small island that holds a stone pagoda. the garden also includes classic Zen elements such as karesansui and bamboo fences

提示词： 三谷彻风格的禅宗花园，中心有一个清澈的池塘，池塘中心是一个小岛，上面有一座石塔。花园中还有一些经典的禅宗元素，如枯山水和竹篱笆

图 4.88　三谷彻风格的禅宗花园

（3）图 4.89 所示是米歇尔·高哈汝风格的公园效果图。

Prompt : a park in the style of Michel Corajoud, featuring a man-made lake with an open grassy area nearby for picnics or relaxation. in the lake is a modern sculpture shaped like a marble spiral

提示词： 米歇尔·高哈汝风格的公园，带有人造湖泊，湖泊旁有一片开放的草地，适合野餐或放松。湖泊中有一个现代的雕塑，形状像是一个大理石的螺旋

图 4.89　米歇尔·高哈汝风格的公园

（4）图 4.90 所示是安德烈·勒诺特尔的设计风格花园效果图。

图 4.90　安德烈·勒诺特尔的设计风格花园

Prompt：a grand garden in the style of André Le Nôtre, featuring manicured lawns and symmetrical flower beds, with a long water feature flanked by neatly trimmed small trees

提示词：根据安德烈·勒诺特尔的设计风格，一个宏大的花园，整齐的草坪和对称的花坛，夹着一条长长的水道，水道两侧是修剪整齐的小树

4.9　海 报 设 计

扫一扫　看视频

海报是日常生活中随处可见的一种广告形式，主要用于宣传产品、旅游、电影、戏剧、比赛、文艺演出等。海报设计是视觉传达艺术的一种重要方式，其目标是通过精心构思的版面设计，吸引人们的注意力并在瞬间刺激观众的感官。这要求设计师需要巧妙地结合图片、文字、色彩和空间等设计元素，以适当而有效的方式将宣传信息展示给公众。

本节将讲解如何使用 Midjourney 设计唯美的海报。

1. 提示词

由于 Midjourney 只关注前 60 个词，词汇越靠前权重越大。因此，编写完整的句子会使提示效果变得混乱；相反，使用逗号分隔的完整短语效果更好。最好把内容类型放在提示词最前面，这将有利于 Midjourney 生成效果更好的设计图。海报提示词的结构如下：

内容类型 + 细节描述 + 风格 + 构图

（1）内容类型：明确说明海报的类型，如旅游海报、电影海报等，另外还需要说明摄影场景的类型，如电影风格的肖像或黑白摄影等。

（2）细节描述：尽可能具体地描述细节，特别是在有可能被误解为其他内容时，确保使用简练且准确的形容词描述细节。

（3）风格：在提示词中可以包含特定艺术风格或艺术家。

（4）构图：描述构图。描述相机视角、场景、时间、镜头滤镜、胶片和相机类型以及相机设置。

在设计海报时，通常需要加入文字信息，但是 Midjourney 在文字排版方面功能较弱，这并不意味着无法创作出精美的海报。其实，借助如 Canva、Gimp 或 Photoshop 等图像编辑软件来补充 Midjourney 的短板。因此笔者建议，先

利用 Midjourney 设计出海报的背景图像，再通过图像编辑软件添加和调整文字内容，以实现更专业的排版效果。这样，就可以灵活地处理图像设计和文字排版，打造出符合需求的海报。

下面是一些海报设计的例子。

（1）图 4.91 所示是旅游海报效果图。

Prompt : travel poster, the Dominican republic, realistic, miniaturecore --ar 2 : 3

提示词： 旅游海报，多米尼加共和国，写实风格，微缩核心 纵横比为 2 : 3

图 4.91　多米尼加共和国旅游海报

（2）图 4.92 所示是杜本内产品海报效果图。

图 4.92　杜本内产品海报

Prompt：Dubonnet poster, wine, frogcore, flowing lines, playful --ar 2：3

提示词： 杜本内海报，葡萄酒，青蛙核心，流动线条，富有趣味性 纵横比为 2：3

（3）图 4.93 所示是水资源保护教育海报效果图。

Prompt：educational poster, water conservation, playful, vivid, Aestheticcore --ar 2：3

提示词：教育海报，水资源保护，富有趣味性，生动活泼，美学核心 纵横比为 2：3

图 4.93　水资源保护教育海报

2. 常见海报类型

（1）广告海报（ad poster）：旨在推广产品或服务，通常具有引人注目的视觉效果和强烈的行动号召。

（2）音乐会海报（concert poster）：用于宣传即将举行的音乐演出，通常包括艺术家的姓名、演出日期和时间以及演出地点。

（3）杜本内海报（dubonnet poster）：20 世纪初流行的一种广告海报。它们是为法国葡萄酒公司 Dubonnet 制作的，特色是美丽的女性和异国情调的场景。

（4）平面设计海报（graphic design poster）：类别广泛，涵盖了使用平面设计原则创作的海报。这些海报用于多种目的，如广告、公共服务宣传或仅仅表达艺术家的创造力。

（5）旅行海报（travel poster）：用于激发人们对特定目的地的兴趣。它们通常展示吸引人的风景、地标性建筑或当地的文化活动，鼓励人们探索和体验。

（6）社会意识海报（social awareness poster）：主要目的是提高人们对重要社会问题的关注和理解，如贫困、饥饿、环境保护等。通常会使用有冲击力的视觉效果和信息唤起人们的同情和行动。

（7）教育海报（educational poster）：用于提供关于特定主题的教育信息，如科学知识、历史事件、健康事项等。信息通常会以易于理解和接受的方式呈现。

（8）戏剧海报（theatrical poster）：用于宣传和推广即将上演的戏剧、音乐剧或其他表演艺术。海报上通常会包含剧目的名称、演出的时间和地点以及演员阵容。

（9）电影海报（film poster）：主要目的是吸引公众对即将上映的电影的关注和期待。电影海报设计通常会有吸引人的视觉效果，并配以精心设计的标语来吸引观众的注意。

（10）环保海报（environmental poster）：旨在提高人们的环境保护意识，包括污染问题、森林保护、气候变化等。设计中通常会使用醒目的视觉效果配以鼓励公众积极保护环境的信息。

（11）健康海报（health poster）：旨在教育公众关于健康和安全的重要知识。通常会以清晰且易于理解的方式呈现信息，以帮助公众了解和防范各种健康问题。

（12）公共服务宣传海报（public service announcement poster）：多用于提高公众对重要社会问题的认识，如酒后驾驶、家庭暴力、HIV/AIDS 等。公共服务宣传海报设计通常会采用有力的视觉图像和信息，以唤起公众的关注并鼓励他们采取积极行动。

3. 审美风格

当在提示词中插入一些特定的审美风格词汇时，可以引导 Midjourney 生成某种风格的海报。以下是一些常用的审美风格：

（1）审美核心（aestheticcore）：一个涵盖多种审美风格的术语，如乡村核心（cottage core）、黑暗学术核心（dark academia core）和垃圾核心

（grungecore）。

（2）另类核心（altcore）：以其独特的另类审美特征，常见的元素有深色、大胆的图案和多样混搭的服饰。

（3）星幻核心（astralcore）：一种由星星和太空启发的梦幻空灵风格，特点是柔和的色彩、天体图案和神奇感。

（4）坏孩子核心（badcore）：以前卫和叛逆的审美特征为主，常见的元素有深色、破旧的牛仔布和战靴。

（5）糖果核心（candycore）：一种甜美且有趣的风格，受糖果和甜食启发，特点是鲜艳的色彩、粉色和甜蜜的图案。

（6）汽车核心（carcore）：一种充满对汽车和汽车文化热爱的风格，常见的元素有老式汽车、改装车和赛车条纹。

（7）可爱核心（cutecore）：一种甜美且天真的风格，受所有可爱事物启发，常见的元素有粉色、动物和花朵。

（8）迪斯科核心（discocore）：一种受 20 世纪 70 年代迪斯科时代启发的风格，特点是鲜艳的颜色、高跟鞋和闪光。

（9）情绪核心（emocore）：一种受情绪音乐和文化启发的风格，常见元素有黑色、白色、灰色、乐队T恤、紧身牛仔裤和眼线笔。

（10）仙女核心（fairycore）：一种受仙女和民间传说启发奇幻而具有魔力的风格，常见元素有柔和的粉色、花朵和大自然的图案。

（11）花卉核心（flowercore）：一种受花卉和大自然启发的风格，特点是明亮的色彩、花朵图案和精致的面料。

（12）青蛙核心（frogcore）：一种受青蛙和两栖动物启发的风格，常见的元素有绿色、棕色、黄色以及青蛙、睡莲叶和其他两栖动物的图案。

（13）哥特核心（gothcore）：一种黑暗且戏剧化的风格，受哥特音乐和文化启发，特点是黑色、白色、红色、渔网袜、皮革和尖锐的元素。

（14）垃圾核心：一种受垃圾音乐和文化启发的风格，常见的元素有暗色调、法兰绒和破洞牛仔裤。

（15）嬉皮核心（hippiecore）：一种受 20 世纪 60 年代至 20 世纪 70 年代嬉皮运动启发的风格，常见的元素有扎染、和平符号和花朵图案。

（16）靛蓝核心（indigocore）：一种受靛蓝儿童（一群据说具有特殊天赋和能力的人群）启发的风格，常见的元素有紫色、蓝色、绿色、水晶、曼陀罗和其他精神元素。

（17）卡哇伊核心（kawaiicore）：一种可爱且迷人的风格,受日本文化启发，特点是明亮的色彩、Hello Kitty 和其他卡哇伊角色。

（18）洛丽塔核心（lolitacore）：一种受维多利亚时代和日本洛丽塔时尚启发的风格，常见元素有粉色系的颜色、蕾丝和褶边装饰。

（19）忧郁核心（melancholycore）：一种以悲伤和忧郁为特征的风格，常见的元素有暗色调、雨和花朵。

（20）美人鱼核心（mermaidcore）：一种受到美人鱼和海洋启发的风格，特点是蓝色、绿色和紫色的颜色，以及贝壳、海星和其他海洋元素。

（21）神秘核心（mysterycore）：一种受到神秘和谜题启发的风格，特点是暗色调、密码和解谜元素。

（22）神话核心（mythcore）：一种受到各种神话和传说启发的风格，常见的元素有天空、动物和神秘的图案。

（23）夜晚核心（nightcore）：一种受到夜晚和星空启发的风格，特点是深色调、星星和月亮元素。

（24）老派核心（oldschoolcore）：一种受到早期时代（20 世纪 50 年代至80 年代）启发的风格，常见的元素有复古色调、旧式广告和古董。

（25）粉红核心（pinkcore）：一种以粉色为主要颜色的风格，特点是粉色、心形和甜美元素。

（26）复古核心（retrocore）：一种受到过去几十年的各种风格启发的风格，特点是复古色调、复古广告和古董元素。

（27）科学核心（sciencecore）：一种受……元素有实验设备、分子结构和科学图案。

（28）太空核心（spacecore）：一种受到……色调、星星和行星元素。

（29）蒸汽波核心（vaporwavecore）：……化和复古主义启发的风格，常见的元素包括……雕塑图像。

（30）维多利亚核心（victoriancore）：……特点是深色调、蕾丝和珍珠元素。

（31）战争核心（warcore）：一种受到……包括军绿色、迷彩和军用装备。

（32）西部核心（westerncore）：一种……特点是棕色和褐色的色调、革制产品和西部……

注意： 这些审美风格通常可以相互混合……

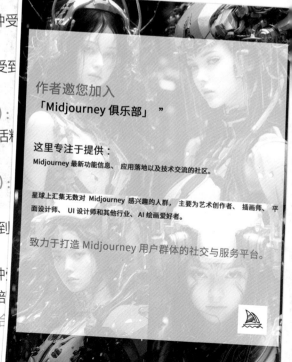

作者邀您加入
「Midjourney 俱乐部」”

这里专注于提供：
Midjourney 最新功能信息、应用落地以及技术交流的社区。

星球上汇集无数对 Midjourney 感兴趣的人群，主要为艺术创作者、插画师、平面设计师、UI 设计师和其他行业、AI 绘画爱好者。

致力于打造 Midjourney 用户群体的社交与服务平台。

以混合"美人鱼核心"和"太空核心"以创造出一种受海洋和宇宙启发的风格。同样，这些风格也可以用于个性化的海报设计，以反映特定的品牌形象或者市场定位。

以节日海报为例，通过运用不同的审美风格词汇对比前后的海报画风，从而展示不同效果。

（1）图 4.94 所示是星幻核心风格的母亲节海报效果图。

Prompt：Mother's Day poster, mother and child, starry sky, reading and writing, astralcore --ar 2：3

提示词：母亲节海报，母亲和孩子，星空，读书写字，星幻核心　宽高比为 2：3

图 4.94　星幻核心风格的母亲节海报

（2）图 4.95 所示是糖果核心风格的母亲节海报效果图。

Prompt：Mother's Day poster, mother and child, reading and writing, candycore --ar 2：3

提示词：母亲节海报，母亲和孩子，读书写字，糖果核心　宽高比为 2：3

图 4.95　糖果核心风格的母亲节海报

（3）图 4.96 所示是可爱核心风格的母亲节海报效果图。

Prompt： Mother's Day poster, mother and child, reading and writing, kawaiicore --ar 2：3

提示词： 母亲节海报，母亲和孩子，读书写字，可爱核心　宽高比为 2：3

图 4.96　可爱核心风格的母亲节海报

4. 海报艺术家

可以从著名的海报艺术家那里获取一些海报创作风格的启示。以下是一些海

213

报艺术家:

(1)阿方斯·穆夏(Alphonse Mucha):捷克的新艺术运动的代表人物,他的海报艺术以其流畅的线条、独特的人物造型和丰富的色彩而闻名。尽管穆夏的作品经常被用作商业广告,但是其艺术价值却不容忽视。

(2)亨利·德·图卢兹·罗特列克(Henri de Toulouse-Lautrec):法国艺术家,他的海报设计通常描绘巴黎的夜生活,其作品以鲜亮的色彩、简洁的形状和生动的布局而出名。他的海报经常用于宣传夜总会和其他娱乐场所,从而捕捉了那个时代的精神。

(3)朱尔·谢雷(Jules Chéret):被誉为现代海报的创始人。他的作品以艳丽的色彩、简约的设计和优雅的版式而闻名。他的海报经常用于宣传戏剧和其他文化活动,同时也推动了海报艺术的普及。

(4)莱奥内托·卡皮耶洛(Leonetto Cappiello):意大利艺术家,以其广告海报而闻名。他的作品以鲜明的色彩、简洁的设计和生动的布局为特色。卡皮耶洛的海报常常用于产品和服务的宣传,但其艺术价值同样被广泛认可。

(5)卡桑德拉(A.M. Cassandre):以其装饰艺术海报而闻名的法国艺术家。他的作品以几何形状、鲜明的色彩和优雅的版式为特色。卡桑德的海报广泛应用于各种产品和服务的广告,同时也在塑造装饰艺术风格中起到了重要作用。

(6)保罗·科林(Paul Colin):以设计俄罗斯芭蕾舞团海报而闻名的法国艺术家。他的作品以充满活力的构图、鲜明的色彩和风格化的形象为特色。科林的海报成功地推广了俄罗斯芭蕾舞团,使其成为全球闻名的舞团。

(7)詹姆斯·蒙哥马利·弗拉格(James Montgomery Flagg):美国艺术家、漫画家和插画家。他在各种艺术媒介上皆有杰出表现,但最为人们所熟知的便是他的政治海报,特别是他在 1917 年为美国陆军征兵而创作的具有标志性的"山姆大叔"(Uncle Sam)海报。

(8)谢泼德·费尔雷(Shepard Fairey):美国当代艺术家和社会活动家,同时也是 OBEY 服装品牌的创始人。他的海报设计常展现出鲜明的图像、亮眼的色彩和引人注目的视觉效果,同时对社会、政治和环境问题均表现出深刻关注。他最知名的作品之一便是以奥巴马为主题的 HOPE 海报,它成为 2008 年美国总统选举的重要象征。费里的艺术作品巧妙地融合了艺术与社会意识,其作品鼓励观众对社会进行深思和反思,积极参与社会变革。

(9)德鲁·斯特赞(Drew Struzan):美国艺术家、插画家和封面设计师,他以创作超过 150 张电影海报而闻名,其中包括《肖申克的救赎》《银翼杀手》《购物狂魔》等,并且他的作品涵盖了《夺宝奇兵》《回到未来》和《星球大战》等知名电影系列。同时，他也是许多专辑封面、收藏品和书籍封面的设计师。

（10）威廉·雷诺德·布朗（William Reynold Brown）：美国写实主义艺术家，他为许多好莱坞电影创作了海报，包括冒险、西部、恐怖和科幻电影等多种类型。他的海报设计巧妙地捕捉了电影的情节和主题，为观众提供了视觉上的吸引力和预期的悬念。

下面是一些模仿某些艺术家风格的海报示例。

（1）图 4.97 所示是迷人的女人海报效果图。

Prompt : poster, a charming woman, poster by Shepard Fairey

提示词: 海报，迷人的女人，谢泼德·费尔雷

图 4.97　迷人的女人海报

（2）图 4.98 所示是非洲大象电影海报效果图。

Prompt : film poster, african elephant, poster by Drew Struzan

提示词: 电影海报，非洲大象，德鲁·斯特赞

图 4.98　非洲大象电影海报

（3）图 4.99 所示是天鹅湖芭蕾舞剧演出海报效果图。

Prompt : dance drama poster, ballet,Tchaikovsky's ballet "Swan Lake", poster by Paul Colin

提示词: 舞剧海报，芭蕾舞，柴可夫斯基的芭蕾舞剧《天鹅湖》，保罗·科林

图 4.99　天鹅湖芭蕾舞演出海报

4.10 包 装 设 计

包装设计是一种选择适当的包装材料，通过技巧性的工艺进行商品包装的容器结构和美观装饰设计的艺术。过去，包装设计过程常常复杂且耗时，需要设计师做大量的研究和试验。现在，Midjourney 使整个设计过程变得更加高效和灵活。

扫一扫 看视频

Midjourney 不仅能迅速生成多种设计方案，而且可以根据用户需求和品牌要求进行个性化的定制。它能深入理解品牌的核心价值和目标受众并将这些要素巧妙地融入设计，从而打造出与品牌完美匹配的包装设计。无论是食品、饮料、化妆品还是其他消费品，Midjourney 都能为每种产品提供独特且吸引眼球的包装设计。

然而，Midjourney 设计的包装并不能直接应用于生产，它更多的是在提供灵感，快速将创意具象化。至于包装的规格和商业价值的体现还需要专业设计师进行微调和评估。因此，设计师与 Midjourney 的合作非常重要，也只有这样，才能创造出更加出色的、能够实际应用的包装设计。

总体来说，Midjourney 的出现预示了包装设计领域的一场革命。它将加快创新和设计的步伐，为品牌和消费者带来更优质的体验。随着不断探索和开发 Midjourney 的潜力，有望在未来见证到包装设计领域的巨大转变。

1. 提示词

利用 Midjourney 进行包装设计需要精心设计提示词。包装设计的提示词结构如下：

包装主体 + 材料 + 细节描述 + 风格 / 品牌 / 设计师

（1）包装主体：日常生活中，商品的种类繁多，每一种商品都有其特殊的用途和功能。这些商品的包装自然也应与商品内容相匹配，以展现出各式各样的形状和设计风格。

根据商品的内容和用途，可以将包装划分为以下几个类别：日常用品、食品、烟酒、化妆品、医药、文化体育用品、工艺品、化工产品、五金家电、纺织品、儿童玩具和地方特产等。在提示词中，应明确包装的主体和类型，如大米包装设计（a rice packaging design）、冰淇淋包装设计（an ice cream packaging design）和果汁包装设计（a juice brand packaging design）等。

（2）材料：包装可以采用众多的材料类型，包括纸质（paper）、织物（fabric）、塑料（plastic）、玻璃（glass）、金属（metal）、皮革（leather）和草木（plants and trees）等。在提示词中，如果有特定要求，应明确指出包装的材质，如纸质（made of paper）或由锡和橡木制成（consisting of tin and oak wood）等。

（3）细节描述：对包装图案的详细描述。

（4）风格／品牌／设计师：包装设计可以呈现出多种不同的风格，需要根据产品特性和目标受众选择适宜的设计风格。可以在设计提示词中添加特定的风格，也可以将品牌和设计师作为关键词添加到提示词中。如果指定设计师，那就意味着希望模仿特定设计师的设计风格进行包装设计。

下面是一些包装设计的示例。

（1）图 4.100 所示是橘子汁包装效果图。

Prompt : design a orange juice packaging

提示词：设计橘子汁包装

图 4.100　橘子汁包装

（2）图 4.101 所示是中国风的酸奶包装效果图。

Prompt : design a yoghurt packaging, with Chinese painting sytle of bamboo on its packaging

提示词：酸奶包装设计，包装上有中国画竹子

图 4.101　中国风的酸奶包装

（3）图 4.102 所示是设计中国风格的麻布米袋子效果图。

Prompt : design a rice packaging , make of Linen cloth，Chinese style

提示词：设计一种中国风格的米包装，麻布材质

图 4.102　中国风格的麻布米袋子

（4）图 4.103 所示是水彩画风格的烘焙食品包装效果图。

Prompt : develop a watercolor painting of bread and pastries for a bakery food packaging design

提示词： 为面包店开发面包和糕点的水彩画食品包装设计

图 4.103　水彩画风格的烘焙食品包装

2. 设计风格

在进行包装设计时，选择与产品特性和目标消费群体相匹配的风格至关重要。以下是一些常见的包装设计风格：

（1）**极简风格（minimalist style）**：以简明扼要、明确的设计元素而著称，它强调精简的排版和极简的图形，以凸显产品的实用性和简洁的美感。

（2）**传统风格（traditional style）**：通过使用传统的图案、装饰元素和色彩组合，展现了传统文化和历史的韵味，适合强调传统价值和文化传承的产品。

（3）**时尚风格（fashionable style）**：以潮流的设计元素、流行色彩和现代的版式设计为特征，追求时尚感和视觉冲击力，特别适合年轻、时尚的产品。

（4）**大胆艺术风格（bold art style）**：打破了传统设计规则，使用大胆的色彩搭配、抽象图案和独特的构图方式，展现了艺术家的个人风格和创意。

（5）**古典风格（classical style）**：受古代艺术和建筑的启发，运用华丽的图案、精致的装饰和优雅的版式设计，展现出高贵、典雅的气质，非常适合高端产品和奢侈品。

（6）**清新自然风格（naturally fresh style）**：以大自然为主题，使用自然的图案、清新的色彩和绿色的版式设计，展现出自然、健康的气氛，尤其适合有机食品和生态产品等。

（7）**强烈对比风格（bold contrast style）**：通过使用对比强烈的色彩组合

和图案，制造出强烈的视觉冲击力和吸引力，特别适合希望在市场中脱颖而出的产品。

（8）运动活力风格（dynamic energy style）：通过动态的线条、运动元素和鲜艳的色彩，表达出产品的活力和运动属性，特别适合运动品牌和健康产品。

（9）民间艺术风格（folk art style）：一种融合了传统民间艺术元素的创作方式。它将民间艺术的独特纹样、图案和色彩运用到包装设计中，营造出充满民俗风情和文化内涵的视觉效果。民间艺术风格的包装设计通常以手工艺技巧和精细的装饰为特点，展现出地域特色和传统文化的魅力。通过民间艺术风格的包装设计，产品能够传达出浓厚的历史和文化底蕴，激发消费者的情感共鸣，从而打造出独特且引人注目的包装形象。

以上仅为一些常见的包装设计风格，实际上，根据产品特点和目标受众的不同，还可以进行更多的风格创新和组合，以实现最佳的包装设计效果。

下面以巧克力包装设计为例，通过使用不同设计风格的提示词，对比生成包装设计的不同。

（1）图 4.104 所示是极简风格的巧克力包装效果图。

Prompt：chocolate packaging design, minimalist style

提示词：巧克力包装设计，极简风格

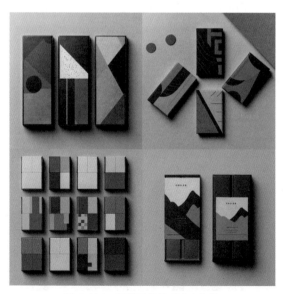

图 4.104　极简风格的巧克力包装

（2）图 4.105 所示是时尚风格的巧克力包装效果图。

Prompt：chocolate packaging design, fashionable style

提示词: 巧克力包装设计，时尚风格

图 4.105　时尚风格的巧克力包装

（3）图 4.106 所示是经典风格的巧克力包装效果图。

Prompt: chocolate packaging design, classic style

提示词: 巧克力包装设计，经典风格

图 4.106　经典风格的巧克力包装

（4）图 4.107 所示是民间艺术风格的巧克力包装效果图。

Prompt: chocolate packaging design, folk art style

提示词: 巧克力包装设计，民间艺术风格

图 4.107 民间艺术风格的巧克力包装

3. 包装设计师

在设计界，有许多享有盛誉的包装设计师。以下列举几位知名的包装设计师：

（1）布鲁诺·穆纳里（Bruno Munari）：拥有艺术家、平面设计师、雕塑家、工业设计师、儿童绘本作者、家具设计师、编辑、玩具制造商和作家等多重身份，甚至被毕加索誉为"当代达·芬奇"。穆纳里以简约、实用和富有创新精神的包装设计而闻名。

（2）佐田文美（Fumi Sasada）：作为日本包装设计界的领军人物，佐田文美以简约、精致和独特的设计风格而广受赞誉。他的作品极致地融合了简单的几何形状和线条，打造出富有美感且现代感十足的包装设计作品。他注重细节处理和材料的选择，追求功能性和美学的完美融合。

（3）关本明子（Mikiko Kambayashi）：日本包装设计师关本明子的作品善于将传统和现代元素相融合，她的设计作品总是给人留下深刻的印象。她对自然、文化和传统的敏感使她的设计作品具有独特的艺术感与优雅的风格，受到广泛的赞誉。

（4）雷·伊姆斯（Ray Eames）和查尔斯·伊姆斯（Charles Eames）：这对美国设计师夫妇以创新的包装设计和家具设计为人所知，塑造了现代设计的风格。

（5）黛比·米尔曼（Debbie Millman）：设计界的重要人物，特别在品牌和

包装设计领域具有影响力。她是一位著名的美国设计师、作家、教育家，也是广受欢迎的设计播客 *Design Matters* 的主持人。她在品牌和设计战略方面有丰富的经验，曾与众多全球知名品牌合作，擅长创建引人注目的品牌形象和包装解决方案。

（6）斯特凡·萨格迈斯特（Stefan Sagmeister）：知名的奥地利设计师，以其在平面设计和包装设计中的独特创新而受到广泛赞誉。他的设计作品融合了艺术和设计，经常以大胆、抽象的设计元素表达深入人心的信息。他对于颜色和排版的独特理解使他的包装设计充满了活力与创意。

（7）雅各布·贾纳（Jacob Jana）：南非包装设计师，他的设计作品以大胆的色彩搭配、富有创意的图案和别致的字体设计而闻名，体现了他的设计哲学和对包装设计的热情。

以上列举的这些设计师，以他们独特的风格、富有创意的设计和深入人心的品牌传达能力而受到广泛赞赏，对包装设计领域产生了深远影响。在设计包装作品时，可以从这些设计大师的作品中获取灵感，模仿他们的设计风格，或者结合自己的创新理念创造出符合产品特点和目标市场需求的包装设计。

下面是一些模仿包装设计师设计风格生成作品的示例。

（1）图 4.108 所示是佐田文美风格的茶叶盒效果图。

Prompt：tea packaging design, cylindrical paper box, mainly white, supplemented by green, in the style of Fumi Sasada

提示词：茶叶包装设计，圆柱形纸盒，白色为主，绿色为辅，佐田文美风格

图 4.108　佐田文美风格的茶叶盒

除了上述包装设计师之外，也可以在提示词中添加其他艺术家名字，模仿其设计风格。

（2）图 4.109 所示是梵高风格的螃蟹包装礼盒效果图。

图 4.109　梵高风格的螃蟹包装礼盒

Prompt : packaging design, with a crab drawing on the box, yellow box, in the style of Van Gogh

提示词: 包装设计，一只螃蟹画在盒子上，黄色盒子，梵高风格

4.11　书籍封面设计

扫一扫　看视频

封面是书籍的面孔，有时候，读者会因为封面十分具有吸引力而选择购买某本书。封面将书籍的内在含义巧妙地凝聚，通过文字、图像和色彩的巧妙组合，以及比喻和象征的技巧，将信息直观地展示在封面上。书籍封面设计是一种艺术，它引导读者从阅读过渡到享受。优秀的封面设计不仅需要视觉的享受，更需要对书籍内容的精细提炼和对生活的洞察。因此这就要求设计师需要准确把握书籍的内容，根据其内在含义进行创作，才能设计出出色的作品。

Midjourney 为书籍封面设计师提供了更多的可能性。通过使用 Midjourney，设计师能够更高效地探索和实现他们对书籍封面设计的独特理念。设计师通过输入关键词、主题或书籍的内容简介，就能快速生成各种封面设计。在极短的时间内，设计师就能完成多次设计的迭代，优化封面的视觉效果和版面布局，确保设计既有吸引力，又易于阅读，这有助于快速找到最佳的书籍封面设计。

Midjourney 为书籍封面设计师提供了前所未有的创作机会和效率提升。它将推动书籍封面设计领域进入一个全新的时代，让设计师能够更好地引领读者从阅读过渡到享受阅读，为每本书塑造独特且吸引人的面孔。

1. 提示词

使用 Midjourney 设计图书封面，需要精心编写提示词，提示词的基本结构如下：

封面分类 + 细节描述 + 风格 / 艺术家

（1）**封面分类**：书籍封面设计首先要考虑其目标读者群体的特性，封面设计应具有针对性。通常将书籍封面分为 4 类：儿童读物、文学作品、科技著作以及人物传记。在设置提示词时，应明确指出图书封面的分类，如儿童图书封面（children's book cover）或科幻小说封面（fantasy novel book cover）等。

（2）**细节描述**：在设计过程中，应依据书籍的具体内容描述封面的细节，如封面包含的主要元素、色彩、文字等方面的信息。

（3）**风格 / 艺术家**：在确定设计风格时，应基于书籍类别和具体内容，选择最合适的艺术风格，或者参考某位艺术家的风格。例如，极简风格（minimalist）、复古风格（retro）和现代风格（modern）等。

下面是一些封面设计的示例。

（1）图 4.110 所示是爱情小说图书封面设计效果图。

Prompt : book cover design, romance novel

提示词：图书封面设计，爱情小说

图 4.110　爱情小说图书封面

（2）图 4.111 所示是儿童图书封面设计效果图。

Prompt : children's book cover with title and author, minimalist

提示词： 儿童图书封面带着标题和作者，极简主义

图 4.111　极简主义儿童图书封面

（3）图 4.112 是商业图书封面设计效果图。

Prompt： creative business book cover designed by Talwin Morris and Ethel Larcombe

提示词： 塔尔温·莫里斯（Talwin Morris）和伊塞尔·拉科姆（Ethel Larcombe）设计的创意商业书籍封面

图 4.112　创意商业书籍封面

2. 设计风格

图书封面设计的风格多种多样，每种风格都能表达出不同的情绪和主题。以下是一些常见的图书封面设计风格：

（1）极简风格（minimalist style）：以简练、清爽的设计元素和排版为标志，注重空间的利用和设计的平衡。

（2）插画风格（illustrative style）：运用手绘或数字绘画技术，以创造出具有独特视觉效果和讲述故事的图像。

（3）平面设计风格（graphic design style）：运用几何形状、鲜艳的颜色和大胆的排版设计，以突出平面的感觉和视觉冲击力。

（4）以文字为主的风格（typography-driven style）：巧妙地排列和选择字体，以引导读者的视线，使文字成为封面的主要元素。

（5）手工艺风格（handcrafted style）：利用手写字体、手绘元素以及纸质感觉，营造出亲切和温暖的感觉。

（6）抽象艺术风格（abstract art style）：利用抽象的形状、线条和颜色传达书籍的主题或情绪。

（7）古典风格（classical style）：通过借鉴历史艺术风格，如文艺复兴、装饰艺术等，创造出具有质感和传统气息的封面设计。

（8）超现实风格（surreal style）：结合大胆的创意和想象力，运用奇特的图像和排版设计，营造出独特的视觉效果。

每种风格都有其独特的特点和应用场景，设计师可以根据书籍的主题、目标读者以及出版要求，选择最合适的风格来设计吸引人的图书封面。

下面是一些利用设计风格设计封面的例子。

（1）图 4.113 所示是插画风格的封面设计效果图。

Prompt : the cover design of children's books features a girl running with a dog, and the cover design style is illustrated, whole book(portrait format) shown on white background

提示词：童书的封面设计以一个女孩牵着狗奔跑为特色，封面设计风格为插图，整本书（肖像格式）以白色背景显示

图 4.113　插画风格的封面设计

（2）图 4.114 所示是手工风格的封面设计效果图。

Prompt : design a cover art for a poetry book, handcrafted style

提示词: 为一本诗集设计封面艺术，手工风格

图 4.114　手工风格的封面设计

（3）图 4.115 所示是抽象艺术风格的封面设计效果图。

Prompt : book cover，abstract presentation of the cell, extremely sharp lines, abstract art style

提示词：书籍封面，抽象呈现的细胞，极其锋利的线条，抽象艺术风格

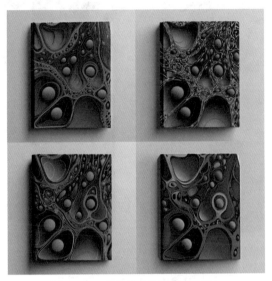

图 4.115　抽象艺术风格的封面设计

（4）图 4.116 所示是古典风格的封面设计效果图。

Prompt : great history book cover, classical style

提示词：伟大的历史书封面，古典风格

图 4.116　古典风格的封面设计

3. 书籍装帧师

在提示词中添加某位艺术家，就可以设计出具有某艺术家风格的图书封面。以下是一些在图书封面设计领域有着重要影响力的艺术家。

（1）奇普·基德（Chip Kidd）：一位获得广泛赞誉的艺术设计师和作家，多年来为众多知名作家的作品提供了独特的封面设计。他与村上春树的合作闻名于世，每次村上春树新作的封面设计都能引发广泛的关注。他的设计突破了人们对图书封面的传统认知，每次都能掀起一场设计潮。他以创新独特、富有艺术性的作品给书籍赋予了新的生命力，使他在设计界享有极高的声望。

（2）吕敬人：作为国内外广受赞誉的书籍设计大师，吕敬人在设计领域展现了卓越的才华，对书籍设计理念的进步和创新做出了重要贡献。他的设计充满创意与艺术性，深得人心。

（3）史蒂夫·李尔德（Steve Leard）：英国资深平面设计师，专注于书籍设计、品牌设计、插画和版式设计，其作品已多次荣获 ABCD 设计奖。

（4）阿历克斯·科尔比（Alex Kirby）：独立封面设计师，同时也是耶鲁大学出版社的资深图书设计师，擅长于小说与纪实文学的书籍设计，作品多次入围 ABCD 设计奖。

（5）卢克·伯德（Luke Bird）：资深平面设计师，专注于书籍设计和音乐专辑设计，其作品多次入围 ABCD 设计奖。

（6）彼得·门德尔桑德（Peter Mendelsund）：顶级书籍设计师，担任美国克诺夫出版社的艺术副总监和万神殿书局的艺术总监。他的设计作品被誉为"最具代表性的现代小说封面设计"。

（7）克里斯托弗·巴拉斯卡斯（Christopher Balaskas）：平面设计师，其设计作品独特且富有创新性，其设计原则和现代美学的完美结合使其作品格外引人注目。

（8）鲁迅：他不仅是一位文学家、思想家和革命家，也是一位杰出的书籍设计师。鲁迅先生在书籍设计领域的成就体现在他对中国传统元素和现代设计理念的完美融合上。他的作品传承了中华经典文化，且在形式上极富创新性。

以上的艺术家都在书籍封面设计领域有着独特的风格和重要的贡献。他们的作品不仅扩展了人们对封面设计的认知，而且为图书增添了更多的艺术价值。这些艺术家的风格可以在创建新作品时作为参考，更好地结合图书内容，创造出吸引读者的封面设计。

下面是参考几位艺术家风格的图书封面设计例子。

（1）图 4.117 所示是奇普·基德风格的图书封面设计效果图。

Prompt：design book covers for Norwegian forests, designed by Chip Kidd

提示词：奇普·基德设计的挪威的森林图书封面

图 4.117 奇普·基德风格的图书封面

（2）图 4.118 所示是史蒂夫·李尔德风格的图书封面设计效果图。

Prompt：book cover for Negotiation Skills，with yellow smiley face pattern, designed by Steve Leard

提示词：《谈判技巧》的封面，黄色笑脸图案，由史蒂夫·李尔德设计

图 4.118 史蒂夫·李尔德风格的图书封面

（3）图 4.119 所示是克里斯托弗·巴拉斯卡斯风格的图书封面设计效果图。

Prompt：book cover for cryptocurrency, designed by Christopher Balaskas

提示词：克里斯托弗·巴拉斯卡斯设计的加密电子货币书籍封面

图 4.119　克里斯托弗·巴拉斯卡斯风格的图书封面

4.12　UI 设计

Midjourney 多元化的应用性质使其在网页设计、用户界面设计以及图标设计等多个领域都得到了广泛的运用。其出色的功能配合直观的用户界面，为用户提供了一个便捷的平台，使用户可以轻松地将创意概念转化为设计作品。虽然 Midjourney 当前只能生成位图，无法生成可编辑的矢量图，但是这并没有削弱其作为一款优质工具的价值。它仍然是用户寻找灵感并进行设计尝试与探索的理想平台。

扫一扫　看视频

用户可以通过其他工具将 Midjourney 生成的创意概念图转换为可编辑的矢量图。例如，Adobe 的 Illustrator 等矢量图形设计软件或者在线转换网站（如 Convertio 或 aconvert）等都可以为用户提供进一步修改和调整设计。这样，Midjourney 不仅可以作为设计的起点，而且可以作为完整设计流程中的一个重要环节，为用户的设计工作提供全方位的支持。

1. 网页设计

在使用 Midjourney 进行网页设计时，用户只需输入相关的提示词即可得到网页设计效果图。然而，需要注意的是，尽管 Midjourney 的操作过程简单、易上手，并且能够在短时间内产生网页设计草图，但是它并未提供文本编辑功能。因此在将设计投入实际应用之前，用户仍需要借助于图像处理软件（如Photoshop）进行细节调整和优化。

在编写提示词之前，有几个重要的考量因素：①确定网站的类型和主题；②对希望在网站上呈现的内容和色调有一个明确的理解，这并非强制性的，但是会帮助 Midjourney 更精准地生成所需要的设计效果。有时候，Midjourney 甚至会带来超乎想象的图像和色彩组合，让设计更具视觉冲击力。

进行网页设计的提示词结构如下：

(modern)web design for+ 网站种类 + 网页类型 + 细节

（1）使用 (modern) web design for 作为提示词的开头，这是对 Midjourney 的明确指示，告诉它要进行现代风格的网页设计。

（2）网站种类：指定要设计的网站的种类，如健身中心的网站、在线书店或者网络药店等。

（3）网页类型：指定要设计的具体网页类型，如主页（home page）、落地页（landing page）、注册页（register page）等。

（4）细节：包括期望的网站色调、宽高比（通过 --ar 参数设置）以及不希望在设计中出现的元素（通过 --no 参数去除）等。这些详细设置能帮助 Midjourney 更准确地满足用户的设计需求。

下面是 UI 设计的一些示例图。

（1）图 4.120 所示是设计一个健身网站的落地页的效果图。

Prompt : web design for fitness, landing page

提示词: 健身网页设计，落地页

图 4.120　健身网站的落地页

　　在图 4.120 中，页面设计图颜色是 Midjourney 自动生成的，但是也可以通过提示词设置网站色调。

　　（2）图 4.121 所示是将颜色设置为以黑色和黄色为主的效果图。

Prompt： web design for fitness, landing page, black and yellow colors

提示词： 健身网页设计，落地页，黑色和黄色

图 4.121　以黑色和黄色为主的健身网站的落地页

　　通过使用 --no 参数，让设计图去除掉不想要的内容。

　　（3）图 4.122 所示是不想出现女教练后修改提示词的效果图。

Prompt： web design for fitness, landing page, black and yellow colors --no woman

提示词： 健身网页设计，落地页，黑色和黄色，没有女教练

图 4.122　没有女教练的以黑色和黄色为主的健身网站的落地页

为了根据特定的显示设备和浏览器窗口进行设计，可以通过 --ar 参数来设定宽高比。例如，使用 --ar 3:2 设置 3:2 的宽高比，这将让设计更像是一个"网页设计"。此外，还可以在提示词中添加 Show with laptop/desktop，明确要求生成的设计模拟在笔记本电脑或台式机上的显示效果（图 4.123）。如果要确保连续设计的一致性，则使用 --seed 参数进行控制。

Prompt : web design for fitness, landing page, black and yellow colors, show with laptop --no shading realism details --ar 3:2

提示词: 健身网页设计，落地页，黑色和黄色，笔记本电脑显示，无阴影逼真细节　宽高比 3:2

图 4.123　健身网站带样机显示

2. UI 设计

移动端的 UI 设计与网页设计类似，其提示词结构如下：

UI/UX design+App 类型 + 风格 + 细节 + 参数

（1）UI/UX design 这个提示词用于让 Midjourney 知道目前进行的是 UI 设计。

（2）App 类型：要详细指出所设计的 App 类型，如美食 UI、健身 UI 或短视频 UI 等。

（3）风格：指定 App 的设计风格，设计的风格包括现代风格（modern）、极简主义（minimalism）或都市风格（urban）等。

（4）细节：设定具体要求，如颜色、设计质量等。

（5）参数：利用参数对设计进行更精细的控制和调整。

下面是一些 UI 移动端的设计示例。

（1）图 4.124 所示是设计一个网上书店 App 的效果图。

Prompt：UI design, online bookstore App, minimalist style

提示词：UI 设计，在线书店应用程序，极简风格

图 4.124　网上书店 APP 设计图

（2）图 4.125 所示是设计一个外卖 App 的效果图。

图 4.125　外卖 App 设计图

Prompt : UI design, food delivery App, Figma, modern style, yellow and white colors, HQ, 4 K --q 2

提示词: UI 设计，外卖应用程序，Figma，现代风格，黄色和白色，高清，4K

从图 4.124 和图 4.125 可以看出，尽管它们并非十分完美，但是可以为用户提供设计灵感和设计方向。这些设计输出不仅能激发用户的想象力，还能为他们展现新颖、独特的视觉元素和构图理念。设计师可以从这些设计中汲取各类有用元素，如颜色搭配、布局构成、风格特点等，作为指导他们进行后续设计的宝贵资源。

3. 应用程序图标设计

应用程序图标（App icon）具有独特且重要的任务，即在极其有限的空间内准确、简洁地传达应用程序的核心概念，展示出应用程序的主要功能和品牌形象。一个精巧设计的图标能引人注目，并快速激发用户对该应用程序的好奇心和兴趣。

打造一款出色的应用程序图标，需要深入地思考，因为涉及形状、色彩、比例以及细节等多个方面。每个设计元素都应精确地体现出应用程序的特性和价值观，同时还要保持图标设计的简洁、清晰，易于识别，且在各种设备和屏幕尺寸下都能保持清晰可见，无论在何种环境下都能产生鲜明的视觉效果。

在使用 Midjourney 进行 App icon 设计时，操作相当简单，只需提供几个简明的提示词就能进行设计。

提示词结构如下：

icon for iOS App+ 物体 + 风格 + 细节 + 参数

（1）icon for iOS App：关键提示词，明确告诉 Midjourney 想要生成一个应用程序图标。

（2）物体：描述希望图标展示的具体对象，如一个汉堡、一部手机或一本书等。

（3）风格：定义图标的设计风格，如简约风、复古风等。

（4）细节：进一步详述图标的具体特征或特性。

（5）参数：通过设定特定参数，以提高图标的清晰度或质量。

例如，设计一个订餐 App 上的汉堡图标，如图 4.126 所示。

Prompt : icon for iOS App in high resolution, burger, high quality, HQ --q 2

提示词: iOS 应用程序的图标，汉堡，高分辨率，高质量，高清

图 4.126　汉堡图标

把汉堡图标改为极简风格和扁平化设计，如图 4.127 所示。

Prompt : icon for iOS app in high resolution, burger, high quality, minimalist style, flat design --q 2

提示词:iOS 应用程序的图标，汉堡，高分辨率，高质量，高清，极简风格，扁平化设计

图 4.127　极简风格、扁平化设计的汉堡图标

4.13 服 装 设 计

扫一扫 看视频

服装设计是一个极其复杂的过程，它涉及运用特定的思维模式、美学原则和设计流程。设计师首先需要将设计理念用绘画的形式展现出来，然后选择合适的材料并通过相应的裁剪技术和缝纫技艺将设计实体化。

过去，设计服装需要设计师与技术人员的通力协作；如今，Midjourney 改变了这个现状，它为设计师提供了一个自由创新和快速实现设计可视化的平台。

在 Midjourney 中，设计师只需一段提示词，就可以创建出一件惊艳的服装概念图。通过 Midjourney，设计师更自由地实现他们的创意，实时调整和修改设计。他们可以选择不同的面料、调整款式和剪裁，快速预览衣服的外观和质感。这种直观的工具使设计师能够更好地探索和实现他们的创意，从而提高设计效率和创作灵感。

Midjourney 不仅可以帮助设计师实现创新，而且可以降低生产成本。使用 Midjourney 的设计师大大减少了绘制模板或制作样品的需求。他们只需在 Midjourney 中进行图案、设计和样式的调整，就可以得到一个全新的衣服模型。这避免了大量的时间和资源消耗，同时也减少了在实际生产和试衣过程中的浪费，提升了效率。借助 Midjourney，设计师能够实时查看和评估衣服的外观、质感和剪裁效果，无须制作大量的实体样品。这使设计师能够更精确地调整设计细节，减少错误和返工的可能性。同时，由于节省了样品制作的成本和时间，设计师可以将更多的资源投入创新和设计研究，从而提高设计质量和创新性。

综上所述，Midjourney 为时尚和服装设计师提供了前所未有的可能性，使他们能够更快、更有效地将创新的理念转化为实际的设计，这不仅提升了设计效率，而且为设计师们的创作灵感提供了更大的空间。

1. 提示词

服装设计的三大关键要素包括面料、色调和款式设计：①面料的选择（如纯棉、真丝或复合面料等）决定了服装的基本品质和触感；②色调在很大程度上塑造了服装的整体气质、品质和格调。例如，黑色呈现出稳重的气质，白色展现出清新自然的感觉，红色充满激情与活力，而蓝色则代表宁静和内敛。每种颜色都具有独特的色系，色差、亮度和光泽度等都各不相同。其中，莫兰迪色被广泛认为是一种富有高级感的色调；③款式设计是最关键的部分，它不仅关乎到面料和颜色的运用，更体现了设计师的审美观和设计理念，决定了服装最终的呈现样式。

根据这 3 个要素编写提示词时应该包括以下内容：

种类 + 款式 + 风格 + 面料 + 细节 + 设计师

（1）**种类**：如西装、夹克、连衣裙、裤子、上衣、童装、职业装、运动装、休闲装、T 恤和牛仔装等。不同种类的服装有不同的适用场合和用途。

（2）**款式**：如典雅系列、印花系列、时尚系列、晚装系列、休闲系列、运动系列、古典风系列、民族风系列、校园风系列和商务系列等。各种款式反映了不同的风格和个性。

（3）**风格**：如简约、现代、复古、朋克、英伦、文艺复兴、洛可可、超现实主义等。每一种风格都有其独特的气质和美学表现。

（4）**面料**：如棉、羊毛、丝绸、皮革、涤纶、麻布、呢绒和混纺等。各种面料带来不同的质地和触感，为服装增添丰富的层次感。

（5）**细节**：如形状、纹理、颜色、图案、配件等，都是构建服装视觉效果的重要组成部分。

（6）**设计师**：如世界知名的服装设计师们，他们通过独特的视角和创新的思维，将时尚与艺术巧妙地融合在一起，引领着时尚界的潮流。

下面是一些各类服装概念设计图示例。

（1）图 4.128 所示是 T 恤设计效果图。

图 4.128　T 恤设计

Prompt : professional T-shirt design vector, a vintage-style illustration of a coastal town with a lighthouse, palm trees, and seagulls for a summer feel, white background

提示词: 专业 T 恤设计矢量图，以夏日氛围为主题，在白色背景上创作一个带有灯塔、棕榈树和海鸥的海滨小镇的复古风格插画

（2）图 4.129 所示是男士西装设计效果图。

Prompt : man suit design, fashion plates, deconstructed tailoring

提示词: 男士西装设计，时尚板块，解构剪裁

图 4.129　男士西装设计

（3）图 4.130 所示是紧身内衣设计效果图。

图 4.130　紧身内衣设计

Prompt：mannequins wearing corset, in the style of light azure and dark amber, modern design, fashion catalog photography, fine lines, delicate curves

提示词：穿着紧身内衣的人体模型，浅蓝色和深琥珀色的风格，现代设计，时尚类型摄影，精细的线条，精致的曲线

（4）图 4.131 所示是连帽衫设计效果图。

Prompt：girls with different colored hoodies, in the style of unreal engine 5, afro-caribbean influence, minimalist, fashion plates --ar 3∶5

提示词：女孩们穿着不同颜色的连帽衫，虚幻的引擎 5 的风格，非洲加勒比的影响，极简主义，时尚系列 宽高比为 3∶5

图 4.131　连帽衫设计

（5）图 4.132 所示是印度纱丽服设计效果图。

Prompt：realistic mannequins wearing different color sarees, unreal engine 5, dutch angle view, minimalist, fashion plates

提示词：穿着不同颜色纱丽的逼真人体模型，虚幻的引擎 5，荷兰视角，极简主义，时尚版

图 4.132　印度纱丽服设计

（6）图 4.133 所示是女式风衣设计效果图。

Prompt : 3D model of a red trench coat, in the style of soft, dream-like quality, feminine affluence, tonal, matte photo

提示词：红色风衣的 3D 模型，风格柔软，梦幻般的品质，女性的富足，色调，哑光照片

图 4.133　女式风衣设计

（7）图 4.134 所示是裙子设计效果图。

Prompt： a floral skirt streetwear, in the style of 3D object, fashion tones, subtle shading, unreal engine 5, dreamcore design

提示词： 一款碎花裙街头服饰，3D 物体风格，时尚色调，微妙的阴影，虚幻引擎 5，梦幻核心设计

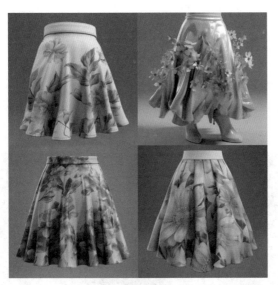

图 4.134　碎花裙子设计

（8）图 4.135 所示是连衣裙设计效果图。

图 4.135　连衣裙设计

Prompt : a haute couture dress of flowers , curvy features, costume design + octane render + hyper realistic + swampy background, vintage

提示词：一件由花朵组成的高级定制连衣裙，曲线优美，服装设计＋浓烈的渲染＋超现实＋沼泽背景，复古

（9）图4.136所示是中国汉服设计效果图。

Prompt : Chinese Hanfu costumes in a red and white gown, in the style of photorealistic renderings, 32k UHD, dreamy and romantic compositions, luminous colors, red threads, gossamer fabrics, dark white and light orange

提示词：中国汉服，红白相间的长袍，采用逼真的效果图风格，32k超高清，梦幻浪漫的构图，明亮的颜色，红色的丝线，薄纱织物，深白色和浅橙色

图4.136 中国汉服设计

（10）图 4.137 所示是整套衣帽鞋设计效果图。

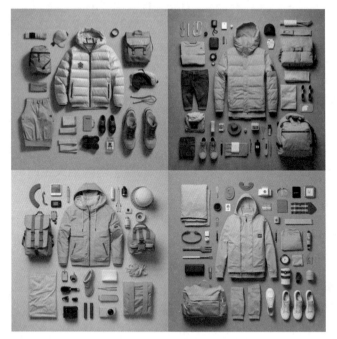

图 4.137　整套衣帽鞋设计

Prompt：knolling of 21st century streetwear: jacket, shoes, water bottle, bag, cap, T-shirt, warmcore, light yellow and light gray, depictions of urban life, luxe, UHD

提示词： 21 世纪街头服饰：夹克、鞋子、水瓶、包、帽子、T 恤、暖心、浅黄色和浅灰色，描绘城市生活，奢华，超高清

2. 服装设计师

（1）华伦天奴家族（Valentino）：发迹于艺术氛围浓厚的意大利尼布斯市。意大利作为高级时尚奢侈品的王国，华伦天奴家族凭借其宫廷式的奢华地位赢得了全世界的赞誉。这个家族品牌由 Vincenzo Valentino 于 1908 年创立，其名字代表着奢华、富裕，甚至奢侈，象征着一种高贵典雅的生活方式。华伦天奴的设计工艺精湛，服饰富丽堂皇，无论是整体还是每一个细节都追求极致的完美。这个家族先后诞生了 3 位杰出的服装设计师：Vincenzo Valentino、Mario Valentino 和 Giovanni Valentino。

（2）卡尔·拉格斐（Karl Lagerfeld）：被誉为"时装界的凯撒大帝"或"老佛爷"。人们对卡尔·拉格斐的印象始终离不开他在香奈儿（Chanel）的艺术总监形象——佩戴墨镜，手持折扇，留着长辫。他凭借敏锐的洞察力、预见力和对时尚趋势的解读能力，奠定了在时尚界的国际声誉。他曾担任香奈儿（Chanel）、芬迪（Fendi）、巴尔曼（Balmain）和蔻依（Chloé）等品牌的创意总监，并于1984年创立了以自己名字命名的品牌——卡尔·拉格斐。

（3）亚历山大·麦昆（Alexander McQueen）：英国著名设计师，他是英国时尚界最年轻的"英国时尚奖"得主，曾4次获得"英国年度最佳设计师"的奖项。他被誉为时尚界的"坏小子"，同时被公认为"鬼才设计师"。他在23岁时创立了自己的品牌，并在27岁时荣获"英国年度最佳设计师"的荣誉，成为最年轻的获奖设计师。然而，他在41岁时选择了自缢结束生命，留给世界一段关于美的惊艳回忆。

（4）乔治·阿玛尼（Giorgio Armani）：意大利著名的时装设计师，曾在Cerruti担任男装设计师，并于1975年创立了乔治·阿玛尼品牌。他的设计作品以优雅含蓄，简洁大方为特色，注重工艺细节，展现了意大利时尚风格的精髓。他在短短14年内斩获了全球超过30个大奖，包括备受瞩目的Cutty Sark奖项。乔治·阿玛尼品牌因其创始人的杰出贡献而超越了品牌本身的意义，在公众心目中成为成功事业和现代生活方式的象征。

（5）拉尔夫·劳伦（Ralph Lauren）：美国时装设计师，他的Polo Ralph Lauren服装品牌广为人知，同时他也是一位著名的经典汽车收藏家。拉尔夫·劳伦于1968年创立了拉尔夫·劳伦男装公司，并推出了他的第一个品牌Polo Ralph Lauren，这个品牌致力于为成功的都市男士设计个性化风格的服装，款式介于正式和休闲之间，适应各种都市休闲场合的穿着需求。他的男装和女装品牌都展现出独特的个人风格特色，释放出自由而豪放的气息，被时尚媒体誉为美国的经典设计师。

（6）加布里埃尔·香奈儿（Gabrielle Chanel）：法国的著名时装设计师，也是香奈儿品牌的创始人。她的设计以自然、简洁闻名，深受巴黎女性的喜爱。香奈儿以现代主义的观念和男装化的风格而闻名，她的设计展现出高贵奢华的特质，使她成为20世纪时尚界的重要人物之一。她积极倡导女性权益，推动了女性的解放，同时又保持了女性的温柔和优雅。她的品牌经典款式2.55手袋，源于香奈儿的设计理念——通过细链条释放女性双手，这一设计也成了时尚界的标志之一。香奈儿对高级定制女装的影响力使她被《时代》杂志评选为20世纪最具影响力的100位人物之一。

（7）三宅一生（Issey Miyake）：这位日本服装设计师的设计充满了创造力，巧妙地融合了质朴和现代的元素。相较于欧美的高级时装设计界，三宅一生独树一帜，他的设计思想几乎可以与整个西方服装设计界相匹敌，其独特的设计风格预示了未来的新方向。他的设计不仅限于时装，更广泛地延伸到面料设计领域。他将传统织物与现代科技相结合，融入了他的设计哲学，设计出一件件惊艳的服装，因此被誉为"面料魔术师"。三宅一生运用独特的材料和纹理，创造出独一无二的服饰艺术品，引领了时尚潮流。

（8）山本耀司（Yohji Yamamoto）：日本时尚界的领导者。他的设计风格简洁、流畅且充满韵味，散发出反时尚的气息，尤其在男装设计方面表现出色。作为 19 世纪 80 年代闯入巴黎时装舞台的先锋派人物之一，山本耀司带来了新的风潮。他的作品突破了传统的设计界限，挑战了常规的审美观念，将东方与西方的元素融合在一起，创造出独特且前卫的时装。山本耀司的设计不仅仅是服装，更是一种表达个性和思想的方式。通过他的作品，山本耀司展示了他对时尚的独到见解，为时装界带来了新的想象空间。

（9）克里斯汀·迪奥（Christian Dior）：法国设计师，迪奥品牌的创始人。1946 年，他开设了自己的店铺；1947 年 2 月，他举办了第一场高级时装展。这场展览推出的第一个时装系列被命名为"新风貌"（new look），这个系列的独特且鲜明的风格在当时的巴黎乃至整个西方世界引起了巨大的轰动，使迪奥品牌在时装界声名鹊起。"新风貌"系列以其丰富的曲线、优雅的剪裁和浪漫的氛围而闻名。迪奥的设计深受女性的喜爱，强调女性的女性特质和优雅，他凭借精湛的工艺和独特的设计手法赢得了广泛的赞誉。迪奥的影响力不仅仅限于时尚界，他开创的新风潮对整个社会产生了深远的影响，成为时尚历史上的重要里程碑之一。

（10）川久保玲（Rei Kawakubo）：一位日本服装设计师。1973 年，她在东京创立了自己的公司 Comme des Garcons，向世界展示了一种革命性的穿衣方式。在 20 世纪 80 年代初，她以其非对称和曲面状的前卫服饰闻名于世，受到了众多时尚界人士的喜爱。从那时起，她一直致力于服装创新，不断创造出超越时尚界潮流的原型和概念服装。川久保玲的设计风格非常前卫，她巧妙地融合了东西方文化元素，因此在服装界被誉为"另类设计师"。她的作品挑战了传统的审美观念，引领了一股全新的时尚潮流。川久保玲以大胆的创新和独特的艺术表达方式赢得了广泛的赞誉，成为时尚界的重要先驱之一。

在设计服装时，如果想模仿某位设计师的风格，可以在提示词中添加"in the style of 设计师英文名字"或"by 设计师英文名字"。采用这种方法可以基于这位设计师的风格进行创作。这样做可以有助于抓住设计师的设计风格并将它们融入自己的设计。请记住，模仿是一种学习和实践的过程，同时也是一种对设计师成就的尊重和欣赏的方式。

　下面是以设计连衣裙为例，对比几位设计师的不同风格。

（1）图 4.138 所示是华伦天奴风格的连衣裙效果图。

图 4.138　华伦天奴风格的连衣裙

Prompt：women's dress fashion design, in the style Valentino

提示词：女士连衣裙服装设计，华伦天奴风格

（2）图 4.139 所示是卡尔·拉格斐风格的连衣裙效果图。

Prompt：women's dress fashion design, in the style Karl Lagerfeld

提示词：女士连衣裙服装设计，卡尔·拉格斐风格

图 4.139　卡尔·拉格斐风格的连衣裙

（3）图 4.140 所示是香奈儿风格的连衣裙效果图。

图 4.140　香奈儿风格的连衣裙

Prompt： women's dress fashion design, in the style Gabrielle Chanel

提示词： 女士连衣裙服装设计，香奈儿风格

（4）图 4.141 所示是三宅一生风格的连衣裙效果图。

Prompt： women's dress fashion design, in the style Issey Miyake

提示词： 女士连衣裙服装设计，三宅一生风格

图 4.141　三宅一生风格的连衣裙

（5）图 4.142 所示是川久保玲风格的连衣裙效果图。

Prompt： women's dress fashion design, in the style Rei Kawakubo

提示词： 女士连衣裙服装设计，川久保玲风格

图 4.142　川久保玲风格的连衣裙

4.14　其他应用

扫一扫　看视频

除了前面章节介绍的应用外，Midjourney 还能在其他设计领域发挥作用，满足各种设计需求。无论用户是经验丰富的专业设计师，还是创意设计爱好者，Midjourney 都能助用户一臂之力，帮助用户卓有成效地完成设计工作。

1. 名人照片

在 V5 模型中，Midjourney 已经储备了众多名人画像。只需在描述主体时提及相关名人的英文名字，系统就能自动生成对应的名人照片。该功能可以灵活地与其他功能结合使用，提供更丰富多样的设计。

下面是名人照片与其他功能结合生成的示例图。

（1）图 4.143 所示是爱因斯坦在图书馆效果图。

Prompt： photography, Edison in the laboratory

提示词： 照片，爱因斯坦在图书馆

图 4.143　爱因斯坦在图书馆

（2）图 4.144 所示是牛顿在苹果树下效果图。

Prompt : Isaac Newton looked up under the apple tree

提示词: 牛顿在苹果树下

图 4.144　牛顿在苹果树下

（3）图 4.145 所示是柏拉图在自拍效果图。

Prompt : photography, Plato is taking selfies

提示词: 照片，柏拉图在自拍

图 4.145　柏拉图在自拍

（4）图 4.146 所示是亚历山大大帝骑着飞马战斗效果图。

图 4.146　亚历山大大帝骑着飞马战斗

Prompt : Alexander the Great flying on a Pegasus, over the mountains of Singapur, red laser eyes, epic fight

提示词: 亚历山大大帝乘坐飞马飞越新加坡的群山，红色的激光眼睛，史诗般的战斗

2. 邮票设计

邮票是一种特殊的艺术品，它在有限的空间内凝聚了设计师的创意和想象力，它既是邮政系统的重要组成部分，又是一种文化和历史的承载物。在这里，Midjourney 也可以用来设计（复古）邮票。

在设计邮票的过程中，Midjourney 会充分利用其强大的生成模型生成包含详细的图案、符号和文字的邮票设计。这些图案、符号和文字都会与邮票的主题紧密相关，同时也会考虑到邮票的实际使用情况，如防止颜色过深影响邮政编码的识别等。

无论用户希望设计出什么样的邮票，Midjourney 都可以提供强大的支持和帮助。通过深入理解用户的需求，结合先进的设计技术，Midjourney 能够为用户提供一流的邮票设计服务，帮助用户将创新和设计理念转化为具有实际应用价值的邮票设计作品。

设计邮票，其提示词需要遵循的结构如下：

(vintage) postage stamp+ 主体 + 构图 + 风格

（1）(vintage) postage stamp：生成邮票的关键词，明确指示 Midjourney 要完成生成邮票的任务。

（2）主体：邮票上的主要内容。

（3）构图：生成的邮票的构图方式。一般使用 bauhaus（包豪斯）和 side view（侧视图）。

（4）风格：邮票的风格。一般使用 line engraving（线条雕刻）和 intaglio（凹版）。

例如，设计劳斯莱斯汽车邮票，效果如图 4.147 所示。

Prompt : vintage postage stamp, a 1904s Rolls-Royce, bauhaus, side view, studio light, line engraving, intaglio

提示词: 老式邮票，1904 年的劳斯莱斯，包豪斯，侧视图，工作室灯光，线条雕刻，凹版

图 4.147　劳斯莱斯汽车邮票

例如，设计马年邮票，效果如图 4.148 所示。

Prompt：vintage postage stamp, ferghana horse, side view, studio light, line engraving, intaglio

提示词：老式邮票，汗血宝马，包豪斯，侧视图，工作室灯光，线条雕刻，凹版

图 4.148　马年邮票

3. 换脸

InsightFace 是一款 AI 开源工具，它能够提供多种功能，包括但不限于人脸识别、人脸检测和人脸对齐等。借助此工具，Midjourney 可以轻松实现人物肖像的换脸功能。使用 InsightFace 进行换脸的操作步骤如下：

（1）将 InsightFace 邀请至自己的服务器中。

打开 InsightFace 的 GitHub 页面，找到邀请链接并单击，邀请 InsightFace 加入用户自己的 Discord 服务器。如图 4.149 所示。

图 4.149　邀请 InsightFace 机器人加入服务器

（2）定义 ID 输入源人脸。在命令行输入框中输入命令 /saveid，并为 ID 名称命名。例如，将 ID 名称命名为 mein。接下来，将希望替换的图片拖放到命令行窗口中，或者单击窗口进行选择，按 Enter 键。该图片将作为后续替换的源人脸图片，如图 4.150 所示。

图 4.150　定义 ID 输入源人脸图片

（3）使用 Midjourney 替换人脸。在命令行输入框中输入命令 /swapid，选择要替换的人脸图像，再输入步骤（2）中定义的 ID，按 Enter 键进行上传，如图 4.151 所示。上传成功后，原图中的人脸将被自动替换，如图 4.152 所示。

image: 乌克兰美女.png

/swapid　idname　mein　　image　乌克兰美女.png

图 4.151　输入替换指令　　　　　　　　图 4.152　替换后的效果图